CATIA
스마트 모빌리티 섀시
설계하기

김인규 지음 / 최규훈 감수

光文閣
www.kwangmoonkag.co.kr

이 책은 무엇을 제공하는가?

스마트 모빌리티 설계에 관심 있는 독자를 위해, CATIA프로그램을 사용하여 단품 및 복잡한 부품의 설계 방법론에 대한 활용서로 집필하였다. CATIA 명령어를 어떻게 활용하고 응용하는지 '마스터프로젝트-스마트 모빌리티 섀시 설계하기'를 별도의 단원으로 구성하여 다양한 부품의 설계 방법론과 어셈블리를 구성하는 과정을 동영상으로 제작하여 독자들이 쉽게 이해할 수 있도록 집필하였다. 이 책을 통해 아래 내용을 학습할 수 있다.

✓ CATIA 핵심 명령어 활용 방법
✓ 효과적인 스케치 생성 및 수정 방법
✓ 단품 및 복잡한 부품의 설계 및 수정 방법
✓ 어셈블리 구성 및 설계 방법
✓ '마스터프로젝트-스마트 모빌리티 섀시'를 통한 다양한 부품의 설계 방법

책의 수준은?

이 책은 CATIA를 처음 시작하는 독자도 쉽게 접근할 수 있도록 자세한 내용 설명과 예제 동영상을 제공하여 쉽게 학습할 수 있도록 하였다. 하지만 스마트 모빌리티 섀시 부품의 기본 용어 및 개념은 이해하고 있어야 한다.

누가 이 책을 읽어야 하는가?

✓ 처음부터 체계적으로 CATIA를 배우고 싶은 대학생 및 일반인
✓ CATIA 명령어를 능숙하게 알고 있는데, 명령어 활용 및 부품 설계 방법을 모르는 회사원
✓ 스마트 모빌리티를 설계하고 싶은 독자

이 책을 집필하면서 만든 예제의 설계 방법론은 절대적은 기준은 될 수 없다. 그러나 필자가 십여년간 제품 설계 및 개발 업무를 하면서 익힌 노하우와 설계 방법을 효과적인 학습 방법으로 전달하려고 노력하였다.

학습 방법

이 책은 기본 스케치부터 시작하여 파트 디자인, 어셈블리 구성까지 순차적으로 목차가 구성되었다.

- ✓ 책에 있는 목차 순서대로 CATIA 명령어 기능을 학습한다.
- ✓ 동영상을 보면서 CATIA로 예제를 모델링한다.
- ✓ 동영상을 보지 않고 CATIA로 예제를 다시 모델링을 한다.

용 어

이 책에서 사용된 용어는 CATIA에서 사용한 영문 명령어를 기준으로 한글로 표기하였으며, 필요시 한글 옆에 영문을 함께 표기하여 이해를 도왔다. CATIA 명령어 및 옵션 항목 등은 영문을 그대로 사용하는게 이해하기 쉽다고 생각되어 영문으로 사용된 용어가 있다.

작가와 연락

독자들은 책의 내용이 이해되지 않는 부분과 예제를 따라하면서 궁금한 사항이 있으면 네이버 까페나 이메일로 연락을 주고받을 수 있다.

E-mail: e_vns@naver.com

네이버 카페: https://cafe.naver.com/evns

이 책을 통해 스마트 모빌리티를 설계하고 싶은 독자에게 도움이 되길 바라며, 교재 내용 중에 미비한 점은 계속 보완하고, 네이버 카페와 메일을 통해 독자들과 소통할 것을 약속드립니다. 마지막으로 책이 출간될 수 있도록 도움을 주신 광문각 박정태 회장님과 임직원께 감사드립니다.

2021년 8월 김인규 올림

❶ 네이버에서 'CATIA 스마트 모빌리티 섀시 설계하기'를 검색한다.

❷ 네이버 카페를 가입한다.

❸ 인터넷에서 구매한 영수증과 책 표지 사진을 찍어 게시판에 인증한다.

   등업이 완료되면 예제 동영상을 시청할 수 있다.

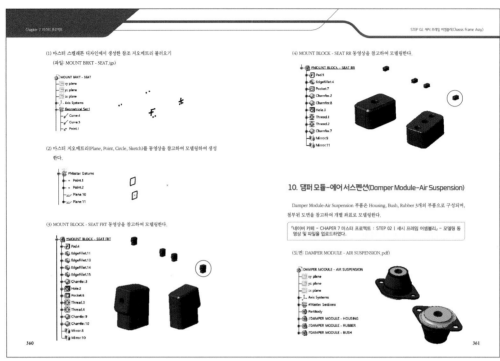

목차

Chapter 03. 기본 파트 디자인   101

Chapter 04. 파트 및 피처 복사 및 이동하기   181

Chapter 05. 복합 파트 디자인   201

Chapter 06. 어셈블리 디자인   257

Chapter 07. 마스터 프로젝트　　　　　　　　　　323

Chapter 1

CATIA 시작하기

STEP 01 CATIA 소개

1. CATIA 프로그램 소개

CATIA는 기계, 자동차 및 항공 분야에 특화된 설계 소프트웨어이며, Windows 그래픽 인터페이스를 기반으로 다양한 형상의 디자인을 여러개의 Feature를 사용하여 직관적으로 모델링할 수 있다.

복잡한 부품 설계의 경우 디자인 요구사항을 매개변수로 설정하여, 원하는 형상을 파라메트릭한 모델로 쉽게 생성할 수 있다.

✓ CATIA는 다양한 제품의 콘셉트 정의, 설계, 제조, 시뮬레이션 등의 형상을 표현할 수 있다.

✓ 제품과 관련된 설계 사양 및 기하학적인 지오메트리 형상을 쉽게 데이터로 생성할 수 있다.

2. CATIA 실행하기

CATIA는 윈도우 환경에서 실행되며, 아래에 제시한 방법을 통해 프로그램을 실행할 수 있다.

❶ 시작 - 프로그램 - CATIA 선택하여 실행

❷ Windows 바탕화면에 있는 CATIA 아이콘을 더블클릭하여 실행

❸ 폴더에 있는 CATIA 파일을 더블클릭하여 실행

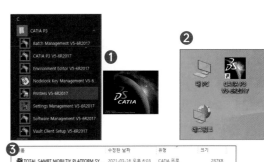

3. CATIA 화면 구성

CATIA 프로그램은 메뉴 명령어와 여러 개의 툴바 그리고 설계를 할 수 있는 화면창으로 구성되어 있다.

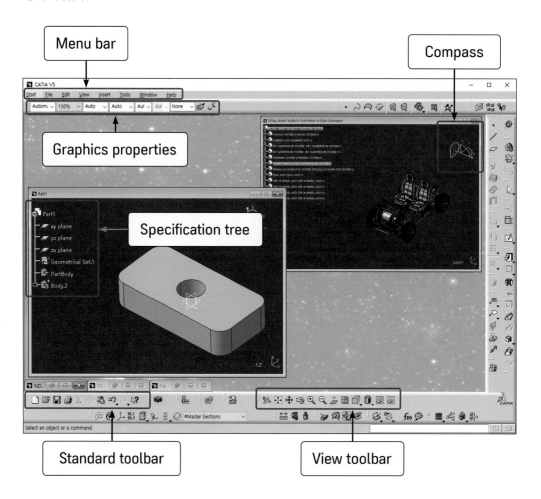

4. Workbench의 이해 및 파일 관리

CATIA는 다양한 다큐먼트를 생성하거나 수정 및 저장을 할 수 있다. 다큐먼트에는 Object 에서 정의한 모든 지오메트리와 모델링 정보를 포함하며, 다큐먼트를 실행하기 위해서는 Workbench 중에 하나를 선택해야 한다. 각각의 Workbench는 특정된 기능을 수행하기 위한 명령어들을 포함한다. 아래는 개별 Workbench에 대해 설명하였다.

Part Design	Part Design	솔리드 모델링을 위한 Workbench
Sketcher	Sketcher	2D Profile을 생성하기 위해 사용하는 Workbench
Generative Shape Design	Wireframe & Surface	3D Wireframe과 Surface를 사용하여 파트를 생성하는 Workbench
Assembly Design	Assembly Design	단품 및 조립들의 구속조건을 부여하여 어셈블리를 구성하는 Workbench
Drafting	Drafting	Part와 Assembly Design으로부터 도면을 생성하는 Workbench

CATIA에서 아래 3개의 다큐먼트를 자주 사용한다.

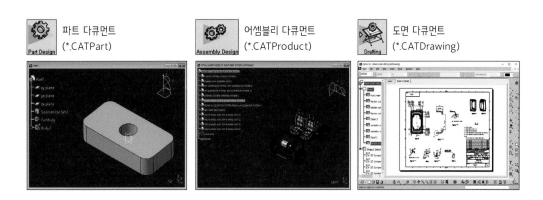

파트 다큐먼트 (*.CATPart)

어셈블리 다큐먼트 (*.CATProduct)

도면 다큐먼트 (*.CATDrawing)

『네이버 카페 - CHAPER 1 CATIA 시작하기 : STEP 01 | CATIA 소개』 - 예제 및 모델링 동영 상 파일을 업로드하였다.

STEP 02 CATIA 화면 구성

1. 새 파일 만들기

Workbench는 사용자가 Wireframe을 만들지, Surface를 만들지, Solid를 만들지, 혹은 단품 및 조립품과 도면 작업을 할 것인지에 따라 작업 환경을 이동하여 모델링을 수행해야 한다. Workbench는 다양한 Toolbar들의 집합이고, Toolbar는 Icon들의 집합이다.

사용자는 아래 방법 2가지 방법을 사용하여 Workbench에 들어갈 수 있다.

❶ Start menu로 Workbench의 새 파일을 생성하는 방법

❷ File - New 클릭하여 Workbench 의 새 파일을 생성하는 방법

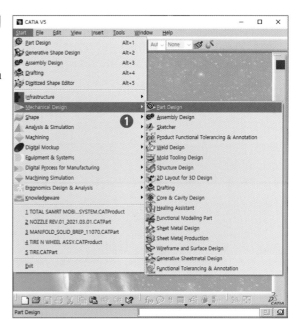

ㄹ. 마우스 사용법

CATIA 프로그램은 마우스 3개 버튼은 모두 사용하며, 마우스 각각의 버튼을 클릭할 때 사용할 수 있는 기능에 대한 설명은 아래와 같다.

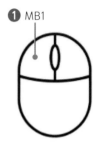

❶ MB1 - 마우스 왼쪽 버튼
   ✓ 지오메트리나 엘리먼트를 선택
   ✓ 〈Ctrl〉 + MB1을 클릭하면 다중 선택
   ✓ MB1을 더블클릭하면 Object 수정

❷ MB2 - 마우스 중간 휠 버튼
   ✓ 지오메트리 형상을 좌/우, 상/하로 움직일 경우
   ✓ Object 모델의 회전 중심점을 정의할 때
   ✓ 〈Ctrl〉 + MB1 버튼을 클릭한 상태로 확대/축소
   ✓ MB1 + MB2 버튼을 누른 상태로 지오메트리 형상 회전

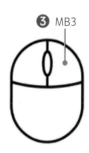

❸ MB3 - 마우스 오른쪽 버튼
   ✓ 화면에 엘리먼트를 지정하거나 하위 메뉴를 나타낼 때 사용

뒷장에 서술되는 내용 중에 마우스 사용에 대한 용어는 MB1, MB2, MB3로 서술하였다.

3. 툴바 및 아이콘(Toolbars & Icons)

툴바(Tool bar)는 자주 사용하는 명령어를 빠르게 찾을 수 있도록 구성한 아이콘 모음이며, 명령어를 그룹 형태의 Workbench로 구성되어 있다. 사용자가 원하는 위치로 옮기거나 재구성할 수 있고, 윈도우 기반 프로그램처럼 Pull-Down 메뉴 옵션으로 표시된다.

❶ View - Toolbars를 클릭하면 현재 워크벤치에 관련된 도구 모음 목록이 표시된다.

❷ 활성화된 도구 모음에 확인(✔)으로 표시하면 특정 도구 모음을 선택하여 활성화 또는 비활성화할 수 있다.

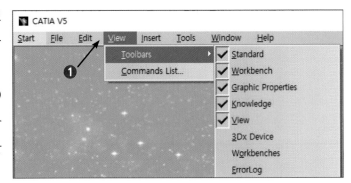

CATIA는 Workbench마다 도구 모음이 있어 제한된 화면 내에 모두 표시할 수 없다. 툴바를 효과적으로 관리하기 위해 축소된 형태로 표현되며, 화면 모서리에 도구 모음을 드래그하여 추가하거나 닫을 수 있다.

❶ 표시된 툴바를 비활성하기 위해 닫기 버튼을 클릭

❷ 도구 모음을 마우스로 드래그하여 CATIA 화면의 다른 위치로 이동하여 도구 모음을 재구성할 수 있다.

❸ 활성화된 도구 모음은 확인(✔)으로 표시된다.

❹ 도구 모음 영역의 모서리에 있는 (▼) 기호는 더 많은 명령어를 사용할 수 있지만, 창 크기 때문에 표시되지 않는다. 이때 툴바를 보려면 기호를 지오메트리 표시 영역으로 드래그하면 나타난다.

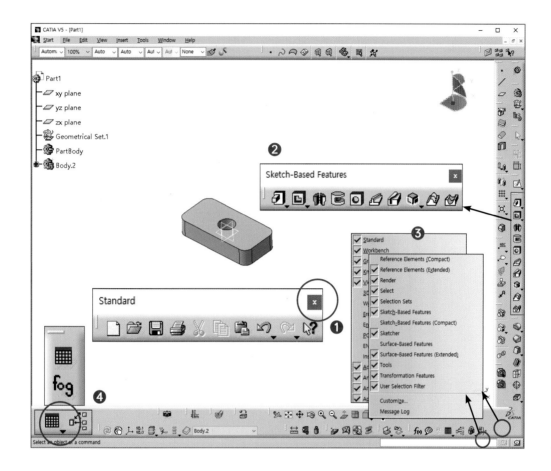

4. 툴바 및 아이콘(Toolbars & Icons) 초기화

도구 모음이 재배열하는 과정에서 화면에 안
보일 경우 초기 상태로 재설정할 수 있는 방법은 2
가지가 있다.

❶ 메뉴바에 있는 Tools - Customize 클릭
❷ 화면 하단에 MB3 버튼을 클릭하면 하위 메
뉴 화면에서 - Customize 클릭

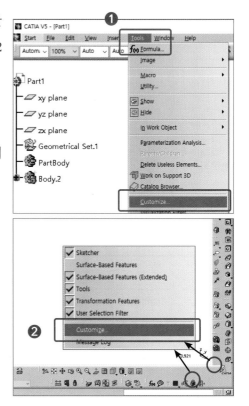

❸ Customize 창이 나타나면 Restore
Position 버튼을 클릭
❹ OK 버튼을 클릭하면 도구 모음이
초기 상태로 재설정된다.
❺ Close를 클릭한다

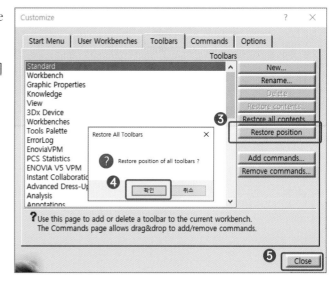

5. 메뉴 표시줄 (Menu bars)

사용자가 솔리드나 서피스 모델을 할지, 어셈블리를 할지, 도면을 만들지 Workbench를 선택하여 설정하는 메뉴이다.

❶ 자주 사용하는 Workbench를 설정하는 메뉴

❷ CATIA 시스템 내에서 사용 가능한 Workbench를 그룹으로 표시한다.

　설정한 License에 보이는 화면이 다르게 나타난다.

❸ 그룹으로 구성된 Workbench에 해당하는 개별 Workbench

❹ 최근 작업한 파일 목록

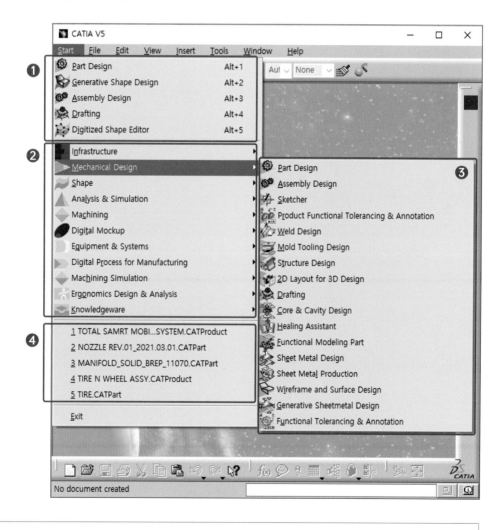

『네이버 카페 – CHAPER 1 CATIA 시작하기 : STEP 02 | CATIA 화면구성』 – 예제 및 모델링 동영상 파일을 업로드하였다.

STEP 03 CATIA 설계 트리 및 마우스 조작방법

1. 설계 트리(Specification Tree)

CATIA는 설계 트리에 Feature, 구속 조건, 모델링 순서를 계층 구조로 표현하며, 솔리드 모델의 경우 모델링 순서를 단계별로 표시한다. 재사용되는 모델은 설계 트리를 수정 및 제거하여 새로운 파일로 손쉽게 완성할 수 있다.

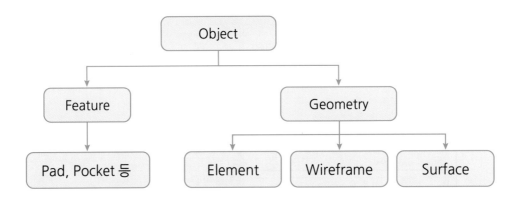

❶ Object: CATIA에서 작업의 결과물('객체')로 Geometry와 Feature로 구성된다.

❷ Geometry: 3D 공간상에 표현되는 '형상' 객체

❸ Feature: Specification Tree에 Icon으로 표현되는 작업의 결과

❹ Element: 3D Geometry를 이루는 최소한의 '요소'로 점, 선, 면[곡선, 곡면 포함, (Solid 제외Geometry)]

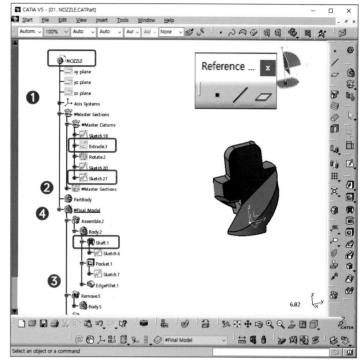

아래 그림은 설계 트리에 여러 개의 Feature로 구성되어 있고, 특정 Feature를 삭제하거나 비활성화하여 형상을 수정할 수 있다.

Hole Feature를 삭제하기 않고 일시적으로 비활성화(Deactivate)하면 지오메트리 정보를 억제하여 기본 형상 모델을 쉽게 변경할 수 있다.

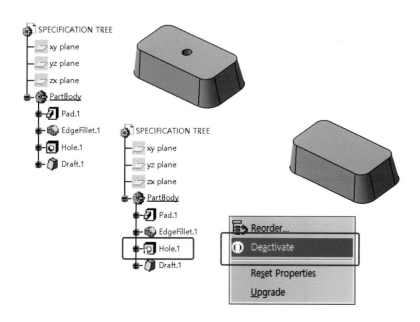

27

2. 설계 트리(Specification Tree) 조작법

CATIA 화면 안에서 설계 트리를 확대/축소 및 이동할 수 있으며, 조작 방법은 아래와 같다.

조작 방법	명령어	설명
트리 숨기기	F3	〈F3〉 키를 누르면 설계 트리를 보이거나 감출 수 있다.
트리 활성화/ 비활성화	/ ⇧ Shift F3	설계 트리를 MB1으로 클릭하거나 Shift 와 F3를 활성화나 비활성화할 수 있다.
트리 이동		활성화된 상태에서 MB1 버튼 누른 상태에서 임의의 위치로 이동할 수 있다.
트리를 확장/ 축소		트리에서 [+] 표시된 부분을 MB1으로 클릭하면 확장되고 [-] 표시된 부분을 클릭하면 축소된다.

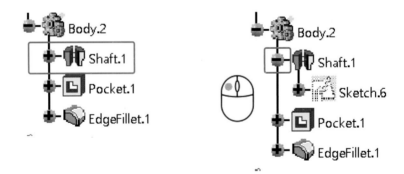

3. 오브젝트(Object) 선택 방법

CATIA 마우스 조작 방법은 윈도우 환경과 동일하며, 크게 아래 두 가지 방법으로 오브젝트 (Object)를 선택할 수 있다.

(1) 기본 선택 방법

✓ 오브젝트를 선택하기 위해서는 MB1 버튼을 클릭한다.

✓ 모델이나 설계 트리에 있는 Feature를 MB1 버튼으로 선택한다.

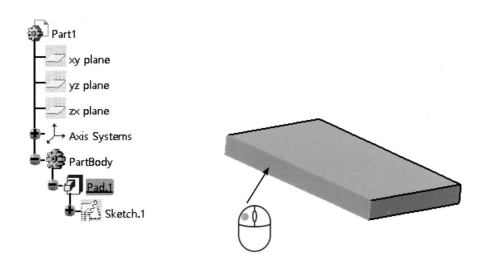

(2) 다중 선택 방법

✓ 오브젝트에 있는 여러 개의 지오메트리를 선택하려면, Ctrl + MB1 버튼을 클릭하여 다중 선택할 수 있다.

✓ Select 툴바를 사용하여 원하는 아이콘을 선택한 다음 MB1을 클릭하여 다중 선택할 수 있다.

4. 마우스 조작법

CATIA에서 이동, 회전, 확대/축소하는 마우스 조작 방법은 아래와 같다.

(1) 이동: MB2(휠 버튼)을 누른 상태에서 임의의 위
치로 지오메트리 형상을 이동시킬 수 있다.

(2) 회전: MB2(휠버튼)을 누른 상태에서 MB1을 동시
에 클릭하면 🖑 모양의 심벌이 표시된다. 이때 중심
축 기준으로 지오메트리 형상을 회전시킬 수 있다.

(3) 확대/축소:

- MB2(휠 버튼) 누른 상태에서 MB1을 한번 더 클
릭하면, 지오메트리 형상을 확대/축소할 수 있다.

- Ctrl키를 누른 상태에서 MB2(휠 버튼)을 클릭하
여 위/아래로 움직이면, 지오메트리 형상을 확
대/축소를 할 수 있다.

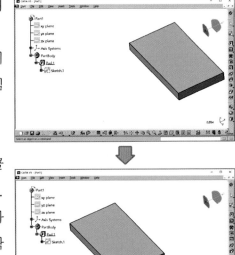

(4) 모델 형상에 중앙에 이동: 지오메트리 형상을
MB2 버튼으로 클릭하면 화면 중앙으로 이동한
다. 이때 지오메트리 형상의 방향과 크기는 변경되지 않고 화면 중앙으로만 이동한다.

(5) Fit All In 명령어: Object를 크게 확대했을 때, 화면창에 맞는 비율로 자동 조절하는 명
령어이다.

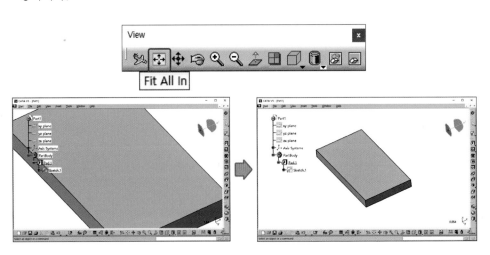

5. 그래픽 속성(Graphic Properties)

Graphic Properties 툴바는 모델링된 지오메트리형상에 다양한 그래픽 속성을 변경하거나 정의할 수 있다.

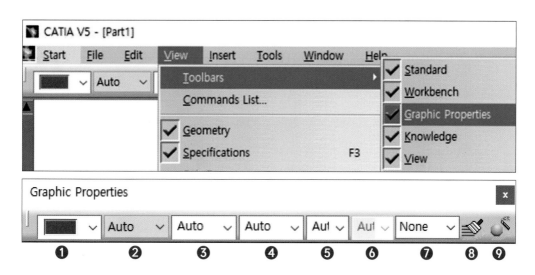

❶ 컬러 채우기(Fill Color)　　　　　❷ 투명도(Transparency)

❸ 선 두께(Line Thickness)　　　　　❹ 선 종류(Line Type)

❺ 점 모양(Point Symbol)　　　　　　❻ 렌더링 스타일(Rendering Style)

❼ 레이어 활성화(Active Layer)　　　 ❽ 그래픽 속성 복사하기(Painter)

❾ 그래픽 속성 마법사(Graphic Properties Wizard)

6. 그래픽 속성(Graphic Properties) 변경하기

지오메트리 형상의 그래픽 속성을 변경하는 방법은 아래와 같다.

❶ 그래픽 속성을 변경할 엘리먼트를 MB1 버튼을
선택한다.

❷ MB3 버튼을 클릭하고 하위 화면창에서
Properties를 선택한다.

❸ Graphic 탭을 선택하고 사용자가 원하는 색으
로 변경한다.

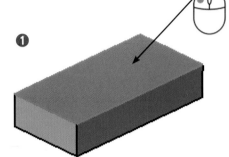

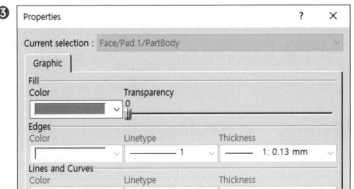

7. 렌더 스타일(Render Styles)

CATIA는 다양한 렌더링 스타일을 제공하고 있으며, View Mode 툴바에서 6가지 스타일을 선택할 수 있다.

❶ Shading (SHD)

❷ Shading with Edges

❸ Shading with Edges without smooth Edges

❹ Shading with Edges with Hidden edges

❺ Shading with Material

❻ Wireframe(NHR)

렌더 스타일을 모델에 적용하는 방법은 아래와 같다.

❶ View Mode 툴바에서 원하는 렌더 스타일을 선택한다.

❷ 선택한 렌더 스타일이 지오메트리에 자동으로 적용된다.

『네이버 카페 - CHAPER 1 CATIA 시작하기 : STEP 03 | CATIA 설계트리 및 마우스 조작방법』 - 예제 및 모델링 동영상 파일을 업로드하였다.

Chapter 2

스케치 단면
생성하기

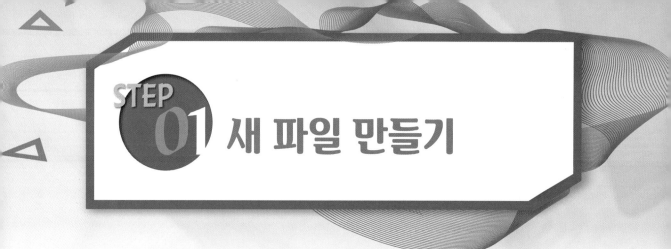

STEP 01 새 파일 만들기

1. 파트(Part) 파일 생성

새로운 모델을 생성하려면, Part Design Workbench를 활성화해야 한다. 아래 3가지 방법으로 새로운 PART를 생성할 수 있다.

❶ START- Mechanical Design - Part design

❷ File - New를 클릭하고 New dialog box 화면에서 Part를 선택한다.

❸ Standard 툴바에서 New 아이콘을 클릭하고 New dialog box 화면에서 Part를 선택한다.

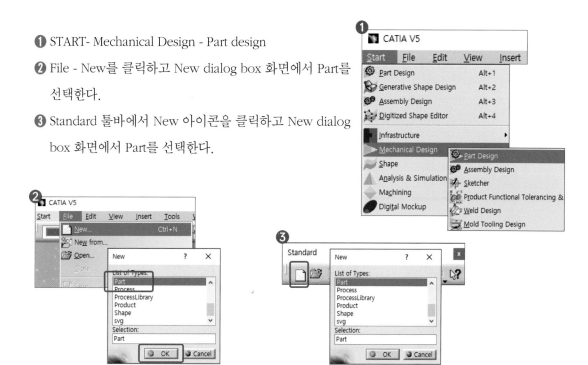

Part를 저장하려면, 컴퓨터에서 폴더를 지정하고 파일을 저장하면 확장자는 *.CATPAT로 생성된다.

2. 파트 디자인 작업 공간(Part Design Workbench)

새로 만든 Part는 세 개의 평면(XY, YZ, ZX)으로 구성된다. 이 세 개의 평면은 설계 트리 (Specification tree)에 항상 나타나고 Part의 기본 요소로 구성된다.

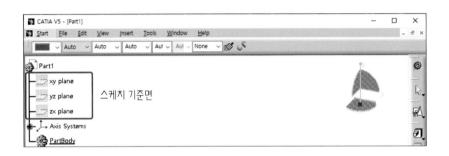

3. 기준 평면(Reference Plane)

새 Part 파일을 생성하면 좌표계에 의해 XY/YZ/XZ 기준 평면이 자동생성된다. 초기 스케치를 생성하기 위해서는 기준 평면을 선택해야하며, 보통 Front View 방향인 YZ 평면을 선택한다.

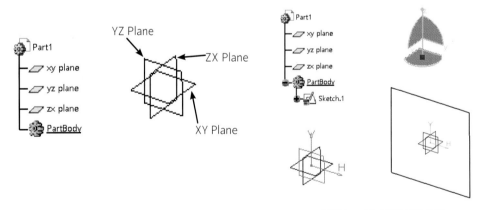

YZ Plane에 스케치 단면 생성

모든 Part는 스케치 단면(2D Profile)으로부터 시작
되며, 스케치 단면은 Sketcher & Part Design
Workbench로부터 생성할 수 있다.

Sketcher Workbench는 스케치 단면을 생성하는
작업 공간을 말하며, 스케치에서 생성한 엘리먼트는
2D Wireframe(점, 선, 평면)과 같은 엘리먼트는 포함
하지 않는다. Sketch에서 생성한 지오메트리는 하나
의 스케치로 구성되며, Part Design Workbench에서
3D Feature를 생성할 때 사용한다. 스케치 치수를 변
경하여 단면을 쉽게 수정할 수 있다.

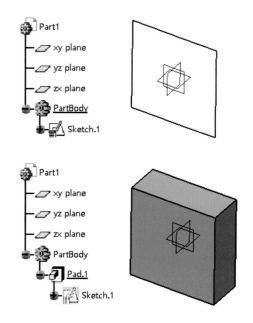

4. 스케치 기준면(Sketch Support)

스케치를 생성하려면 스케치 기준면(Sketch Support)이 필요하며, 반드시 평면(Plane), 면
(Face)이어야 한다. 초기 생성된 XY/YZ/X 평면이나, 기존 생성한 도출 형상의 평면 선택하여
스케치를 생성할 수 있다.

Part모델의 첫 번째 Feature 스케치 단면은 XY/YZ/XZ 중에 하나를 기준 평면으로 선택해
서 스케치를 생성한다.

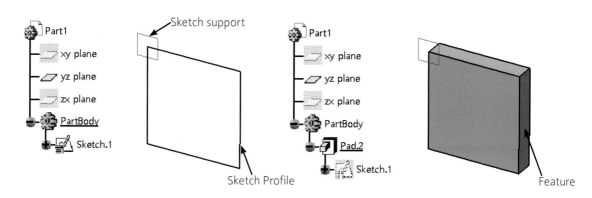

5. 스케치(Sketch) 들어가기

스케치를 생성하려면, Sktech 아이콘이 있는 워크벤치로 선택해서 단면을 생성하면 된다. Sketcher Workbench, Part Design, Generative Shape Design 해당 워크벤치에는 Sktech 아이콘 명령어가 포함되어 있다.

(1) Start Part - Mechanical Design - Sketch 아이콘 클릭한다.

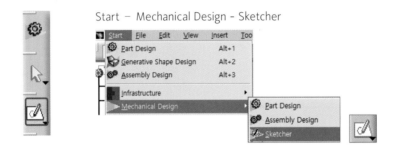

(2) 스케치 기준면(Sketch Support)을 선택한다.

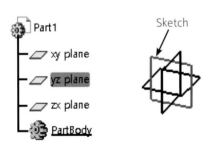

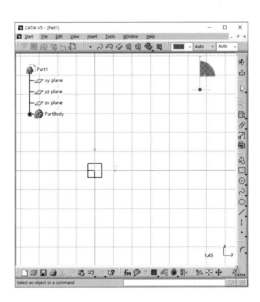

6. 스케치(Sketch) 나가기

스케치 단면을 생성한 후에 스케치에서 나가려면, Exit workbench 아이콘을 클릭하면 스케치에서 나간다.

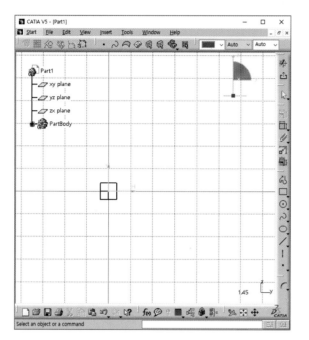

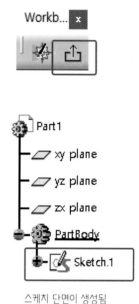

스케치 단면이 생성됨

7. 파일(Document) 저장

CATIA에서 파일을 저장하는 방법은 아래와 같다.
   ✓ Save / Save As / Save All / Save Management

파일이 저장되는 조건은 아래와 같다.
   ✓ 새 파일을 생성하거나 지오메트리가 수정됐을 때
   ✓ 같은 이름으로 덮어쓰기 하거나 새 이름으로 저
      장할 때

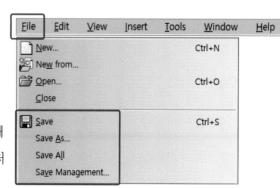

8. 파일(Document) 닫기

Document를 닫는 방법은 아래와 같다.

❶ File - Close 버튼이나 × 아이콘을 클릭하여 Document를 닫는다.

❷ 하위 화면창이 보이면 예/아니오/취소 버튼을 누른다.

    ✓ 예: 저장하고 화면을 닫는다.

    ✓ 아니오: 저장하지 않고 화면을 닫는다.

    ✓ 취소: Document 닫기를 취소하고 화면을 유지한다.

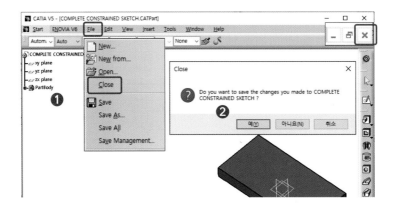

『네이버 카페 - CHAPER 2 스케치 단면 생성하기 : STEP 01 | 새 파일 만들기』 - 예제 및 모델링 동영상 파일을 업로드하였다.

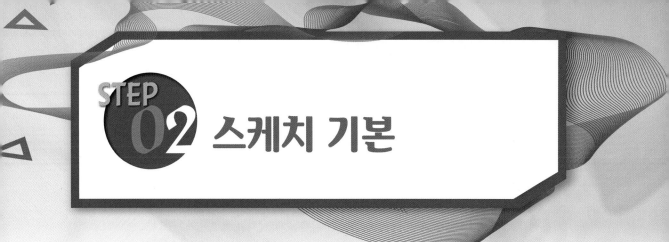

STEP 02 스케치 기본

1. 스케치 작업 공간(Sketcher Workbench)

Sketcher Workbench는 2D Profile을 생성하기 위한 환경이며, 아래 내용으로 구성되어 있다.

❶ Gird 툴바: 스케치 단면을 생성하기 위해 가이드

❷ Profile 툴바: 지오메트리를 생성할 수 있게 하는 명령어

❸ Constraint 툴바: 스케치 단면의 치수 및 구속 조건을 부여할 수 있는 명령어

❹ Sketch Tools 툴바: 지오메트리를 생성할 때 나타나는 옵션 툴바이다. 이 툴바 옵션은
지오메트리를 생성할 때 할성화/비활성화할 수 있다.

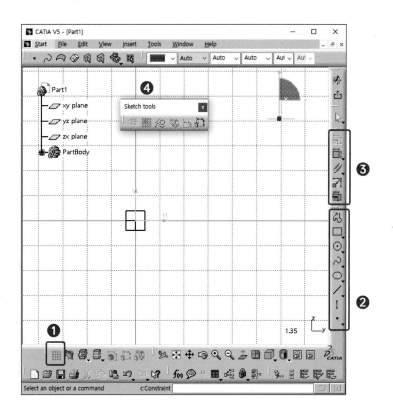

2. 격자(Grid)

Grid는 Sketch Workbench의 배경화면에 나타나며, 척도(Scale)을 고려하여 스케치 단면을 생성할 때 도움이 된다. Snap to Point 아이콘을 활성화하면 마우스 커서는 Grid의 Point에 위치하여 움직이고 Snap to Point를 비활성화면 자유롭게 커서를 움직일 수 있다.

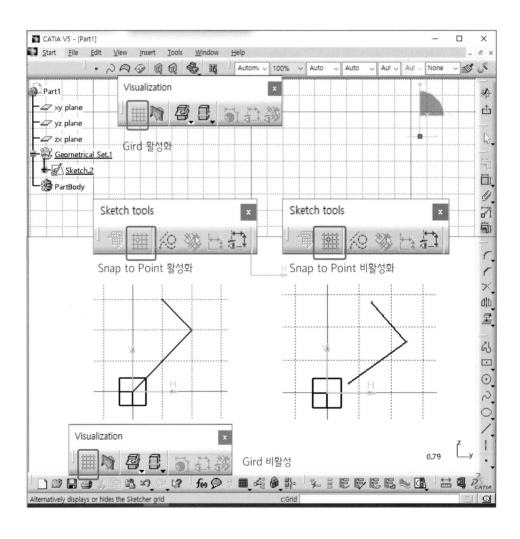

3. 스케치 도구 툴바(Sketch Tools Toolbar)

지오메트리 구속 조건(Geometrical Constraint)은 스케치를 생성할 때, 지오메트리에 대한 구속 조건(수평, 수직, 일치 등)을 자동으로 생성하거나 생성하지 않을 수 있게 할 수 있다.

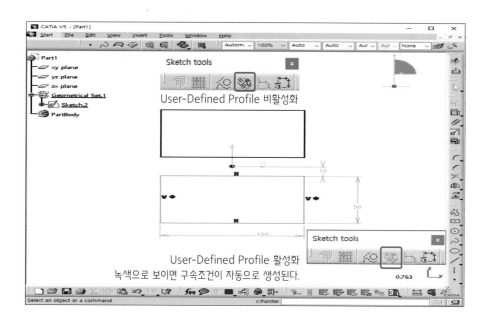

치수 구속 조건(Dimensional Constraint)은 스케치를 생성할 때, 치수 구속 조건(폭, 길이, 지름, 반지름 등)을 자동으로 생성하거나 생성하지 않게 선택할 수 있다.

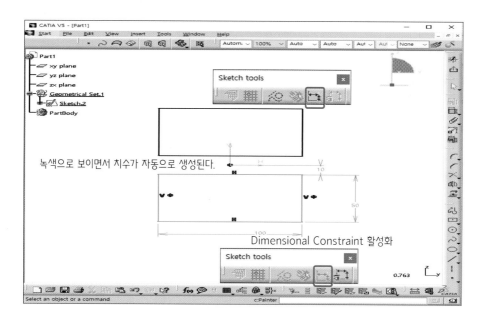

Construction Element는 Sketcher에서 복잡한 단면을 생성할 때 사용하는 명령어이며, 지오메트리(선, 호, 원 등)를 활성화하면 스케치에서 구성 요소로 표현되고, 비활성화하면 스케치 구성 요소는 점선으로 표현된다.

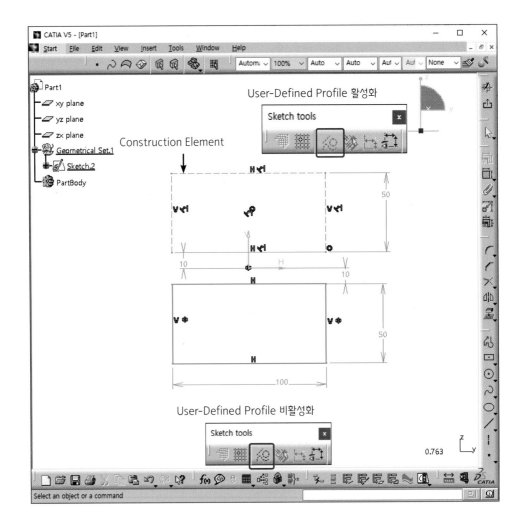

4. 프로파일 툴바 옵션(Profile Toolbar Option)

스케치를 생성할 때 Profile 툴바에서 다양한 명령어를 사용하여 스케치 지오메트리를 표현할 수 있다.

❶ User-Defined Profile / ❷ Pre-Defined Profiles /
❸ Circles / ❹ Splines / ❺ Ellipses and Parabolasv/
❻ Lines / ❼ Axis / ❽ Points

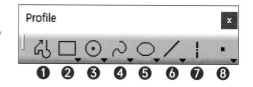

(1) User-Defined Profile: 연속적인 형태의 직선과 호를 이용하여 다양한 프로파일을 생성한다.

✓ 프로파일의 시작: Profile은 Line이나 Thee Points Arc 옵션을 사용하여 시작한다.

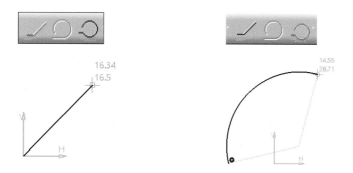

✓ Profile 생성: Profile을 Line, Are, Thee Points Arc 옵션을 사용하여 단면을 생성한다.

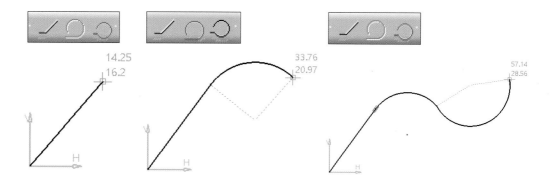

✓ Profile 끝: Profile 첫 번째 포인트를 선택하여 닫힌 단면을 만든다.

열린 단면일 경우 원하는 위치를 선택한 후 MB1으로 더블클릭한다.

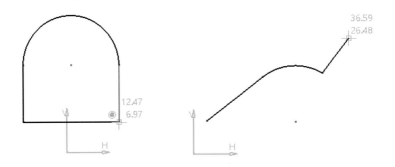

(2) Pre-defined Profiles: 직사각형, 평형사변형, 육각형 등과 같은 프로파일을 생성 한다.

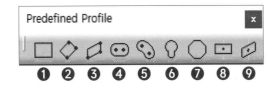

❶ Rectangle: 두 개의 모서리점을 정의하여 사각형 형태의 단면을 생성한다.

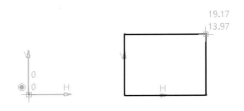

❷ Oriented Rectangle: 두 개의 모서리점을 정의하여 사각형 형태의 단면을 생성한다.

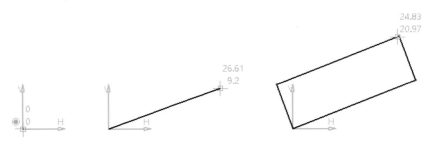

❸ Parallelogram: 한 변과 방향성을 지정하여 평행사변형 Profile을 생성한다.

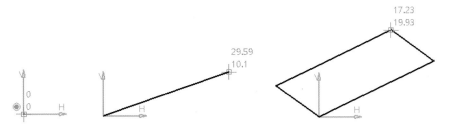

❹ Elongated Hole: Slot Hole 형태의 Profile을 생성한다.

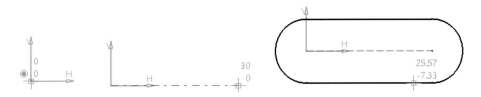

❺ Cylindrical Elongated Hole: 원호의 형태인 Profile을 생성한다.

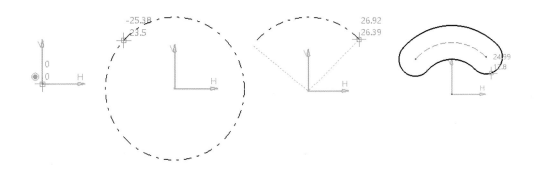

❻ Keyhole Profile: 열쇠 구멍 형태의 Profile을 생성한다.

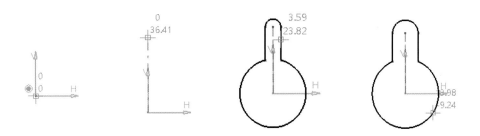

❼ Hexagon: 중심점을 지정한 후 육각형 Profile을 생성한다.

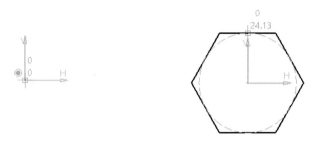

❽ Centered Rectangle: 중심점을 지정한 후 코너의 너비와 높이를 정의하여 사각형 형태
의 단면을 생성한다.

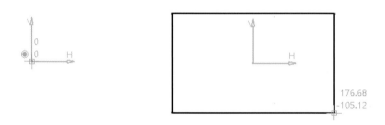

❾ Centered Parallelogram: 첫 번째 선과 두 번째 선을 선택하면 중심점에 평행사변형 형
태의 단면을 생성한다.

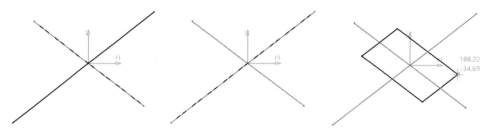

Pre-Defined Profiles은 분할된 엘리먼트로 구성되며, 사각형의 경우 4개의 선과 4개의 점으로 분할되어 하나의 프로파일로 생성된다. Sketch 하위 메뉴에 Geometry 아래에 설계 트리로 구성된다.

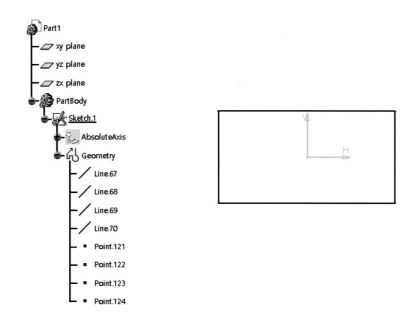

(3) Circle: 다양한 원, 원호 등을 생성한다.

❶ Circle: 중심정과 반경을 지정하여 원을 생성한다.

❷ Three Point Circle: 세 점을 지정하여 원을 생성한다.

❸ Circle Using Coordinates: 좌표계를 기준으로 좌푯값과 원의 지름값을 정의하여 생성한다.

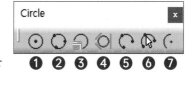

❹ Tri-Tangent Circle: Profile 세 개의 지오메트리와 접하는 곳에 원을 생성한다

❺ Three-Point Arc: 세 점을 지나는 곳에 원호를 생성한다.

❻ Three Point Arc Starting With Limits: 시작점과 끝점을 먼저 정의하고 중심점을 지정하면 원호가 생성한다

❼ Arc: 원의 중심점을 먼저 정의한 후 시작점과 끝점을 지정하면 원호를 생성한다.

(4) Splines: 곡선과 연속된 커브를 생성한다.

❶ Spline: 조정점(Control Point)를 정의해서 곡선 형태의 Profile을 표현 되며, 사용자가 지정한 점을 지나면서 연속된 커브를 생성한다. Spline 끝날 지점에서 MB1으로 더블클릭하면 곡선이 끝난다.

❷ Connect: 두 요소를 정의된 선에 Tangent 또는 Curvature 연속적으로 연결되는 곡선을 생성한다.

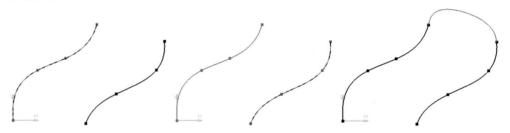

(5) Conic

❶ Ellipse: 중심점을 정의한 후 두 점을 지정하면 장축과 단축을 가지는 타원을 생성한다.

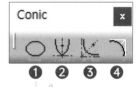

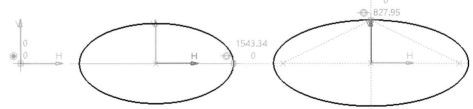

❷ Parabola By Focus: Focus Point를 정의한 후 시작점과 끝점을 지정하면 포물선 형태의
프로파일을 생성한다.

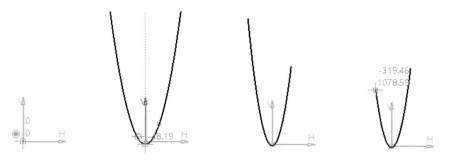

❸ Hyperbola by Focus: Focus Point과 중심점을 정의한 후 두 끝점을 정의하면 쌍곡선을
가지는 프로파일을 생성한다.

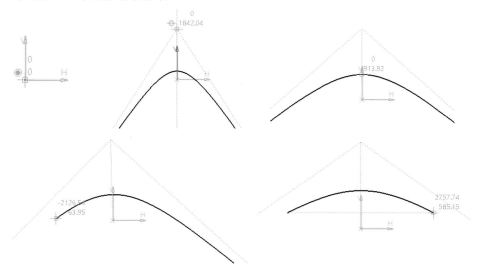

❹ Conic: 다섯 개의 점을 지정하면 Conic Curve을 생성한다.

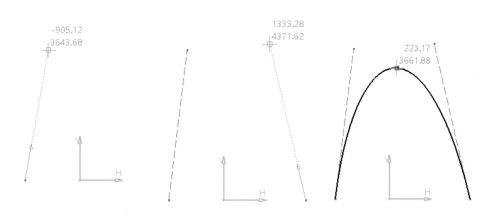

(6) Lines: 직사각형, 평행사변형, 육각형 등과 같은 선을 생성한다.

❶ Line: 시작점과 끝점을 정의하면 직선을 생성한다.

❷ Infinite Line: 무한대 직선을 생성한다.

❸ By-Tangent Line: 두 개의 Profile에서 접하는 직선을 생성한다.

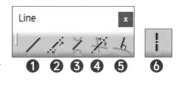

❹ Bisecting Line: 두 개의 직선을 선택했을 때, 무한대의 2등분인 직선을 생성한다.

❺ Line Normal To Curve: 시작점을 정의한 후, 선택한 지오메트리와 수직되는 직선을 생성한다.

❻ Axis: Sketch에서 회천체 프로파일의 중심축을 생성한다.

(7) Points

❶ Point By Clicking: 스케치 내에서 한 점을 정의하면 Point를 생성한다.

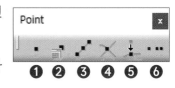

❷ Point By Using Coordinates: 좌푯값(X, Y, Z)를 입력하여 Point를 생성한다.

❸ Equidistant Points: 곡선, 직선을 선택하여 입력한 수만큼 일정한 등분하여 Point를 생성한다.

❹ Intersection Point: 두 개의 지오메트리와 교차하는 점에 Point를 생성한다.

❺ Projection Poin: 생성된 커브 위에 Point를 투영시켜 생성한다. 투영된 Point는 커브에 직각 방향이다.

❻ Align Points: 여러 개의 Point를 선택하고 방향을 지정하면 정렬되어 생성된다.

5. 오퍼레이션 툴바 옵션(Operation Toolbar Option)

Operation 툴바는 기존 스케치 지오메트리를 수정할 때 사용한다.

❶ Corner: 두 개의 직선을 선택하면, 라운드된 형태의 Coner가 생성된다.

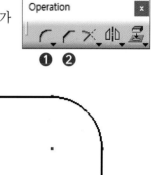

❷ Chamfer: 두 개의 직선을 선택하면 각도값을 가지는 모따기 형상의 Chamfer가 생성된다.

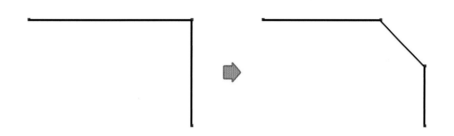

6. 스케치 설계 방법론

스케치 단면을 생성할 때, 다양한 스케치 명령어를 사용할 수 있는데 아래 질문을 많이 한다.

✓ 스케치 단면을 생성할 때 많이 사용하는 명령어
✓ 복잡한 스케치를 생성하는 방법

가장 안 좋은 방법은 점, 선 등을 여러 개 만들어서 개별적으로 스케치하는 것이다.

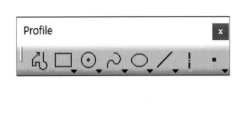
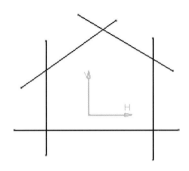

가장 효과적인 방법은 Profile 아이콘을 사용하여 스케치하는 방법이다.

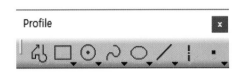
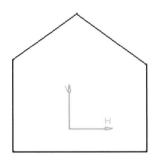

7. 복잡한 스케치 설계 방법론

복잡한 스케치 단면이나 형상을 생성하는 데 아래 설명한 스케치 단면 생성 방법을 사용하면 스케치 단면을 쉽게 생성할 수 있다.

(1) 라운드 및 모따기를 포함하는 스케치 방법론

라운드 및 모따기를 포함하여 스케치 단면을 생성하면, Feature를 수정할 때 업데이트를 빨리할 수 있으나, 스케치 단면을 그리는 데 시간이 많이 걸리고 수정하기가 어렵다.

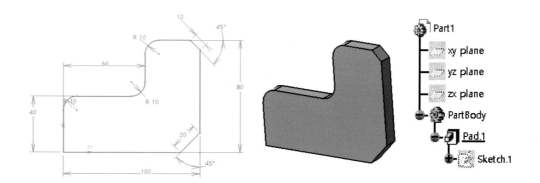

(2) 라운드와 모따기를 포함하지 않는 스케치 방법론

스케치 단면을 단순하게 생성하고, 라운드나 모따기를 나중에 Featrue에 반영한다. 설계 변경시 업데이트하는 데 시간이 걸릴 수 있으나 라운드와 모따기를 재정렬하거나 삭제할 수 있어 모델 수정하기가 쉽다.

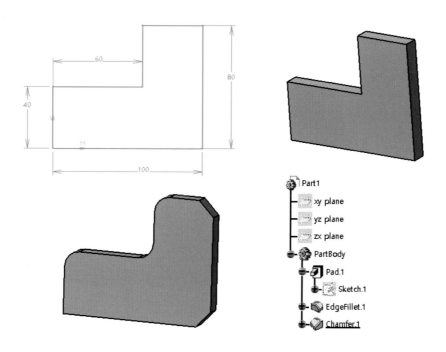

복잡한 형상을 스케치할 때는 스케치에 라운드가 모따기를 포함하지 않고, 스케치 지오메트리를 생성해야 모델 수정을 쉽게 할 수 있다.

(3) 하나의 스케치에 두 개의 닫힌 단면이 포함된 스케치 방법론

스케치에 두 개의 단면이 있을 경우 안쪽 형상을 표현하여 형상을 생성한다.

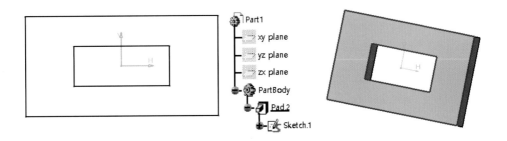

(4) 여러 개의 단면으로 구성되는 형상의 스케치 방법론

Feature 형상을 생성하는 때, 닫힌 스케치 단면을 두 개 그려서 생성하는 방법도 있으나, 한 개의 단면을 생성하여 돌출(Pad) 형상을 만들고, 스케치를 추가하여 빼기(Pocket)로 형상을 삭제할 수 있다. 이 방법은 복잡한 모델의 경우 스케치가 단순하기 때문에서 Feature를 수정하기가 쉽다.

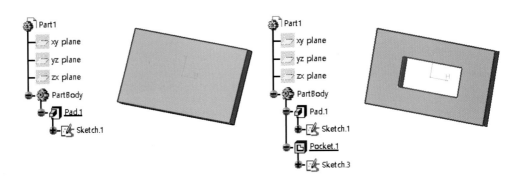

복잡한 형상을 모델링하려면, 가급적이면 스케치 단면은 단순하게 표현하여 Feature 형상을 돌출하면 복잡한 형상의 부품도 쉽게 모델링할 수 있다.

『네이버 카페 - CHAPER 2 스케치 단면 생성하기 : STEP 02 | 스케치 기본』 - 예제 및 모델링 동영상 파일을 업로드하였다.

스케치 치수 및 지오메트리 구속 조건

1. 스케치 구속조건(Sketch Constraint)

스케치에서 지오메트리를 생성하면 치수와 구속 조건을 부여해야 원하는 형상을 정확하게 생성할 수 있다. 이때 사용하는 명령어가 지오메트리 구속 조건 명령어이다. 스케치에서 지오메트리에 구속 조건을 부여하지 않으면 마우스로 움직일 수 있고, Feature와 연관이 되어 있을 경우 형상은 변경된다. 그리고 어셈블리에서 Part를 이동했을 때, 관련된 다른 Part들도 움직여서 원하는 위치에 부정확하게 정렬된다.

스케치에서 구속 조건 없이 단면을 생성할 경우 Feature 형상을 수정하기 가 어렵다. 구속 조건은 하나의 엘리먼트를 기준으로 다른 엘리먼트와 연관시켜 자유도를 구속하는 경우를 말하며, 스케치에서 구속 조건을 부여하면 지오메트리는 녹색으로 표시되며, 구속된 상태의 엘리먼트에서 치수를 정의하거나 수정을 쉽게 할 수 있다.

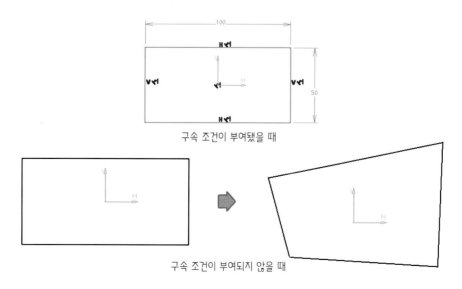

구속 조건이 부여됐을 때

구속 조건이 부여되지 않을 때

2. 지오메트리 및 치수 구속 조건(Geometric/Dimensional Constraint)

Sketcher Workbench에서 스케치된 지오메트리에 구속 조건을 부여해야 하며 2가지 구속 조건 명령어를 사용할 수 있다.

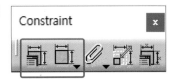

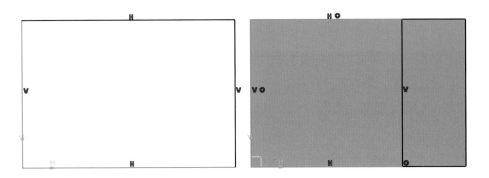

Geometric Constraint: 스케치된 엘리먼트를 다른 엘리먼트나 3D 지오메트리를 참조하여 위치를 구속한다.

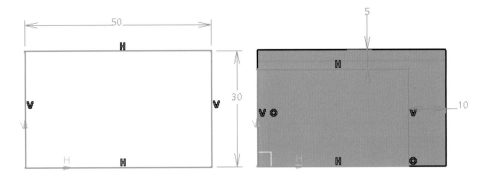

Dimensional Constraint: 스케치된 두 개의 엘리먼트 사이의 거리값을 생성한다. 치수는 거리, 각도, 반지름, 지름을 줄 수 있다.

3. 완전한 스케치 구속 조건(Fully Constrained Sketch)

스케치에서 구속 조건은 지오메트리 색상으로 상태를 구분할 수 있다.

✓ 녹색: 스케치 지오메트리가 완전히 구속된 상태이다.

지오메트리를 마우스로 이동시킬 수 없고, 치수가 변경되지 않는다.

✓ 흰색: 스케치 지오메트리 및 치수 구속 조건이 부여되지 않는 상태이다.

✓ 보라색: 스케치 지오메트리에 구속 조건이 중복된 상태이다.

✓ 빨간색: 스케치에서 지오메트리와 구속 조건이 부합하지 않을 때의 상태이다.

스케치를 업데이트할 때 부합하지 않는 구속 조건을 선택하면 업데이트되지 않
고 지오메트리가 빨간색으로 표시된다.

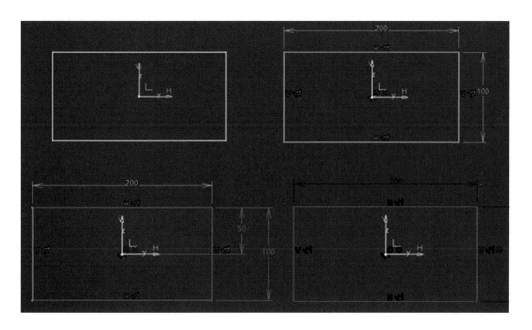

가장 완벽한 스케치는 지오메트리가 전부 구속된 상태여야 하며, 스케치 지오메트리의 크
기와 위치는 정확히 정의해야 한다. 그래야 스케치 구속 조건을 통해 파라메트릭 모델을 구성
할 수 있다.

4. 지오메트리 구속 조건 명령어(Geometric Constraints)

지오메트리 구속 조건의 명령어에 대한 설명은 아래 표와 같다.

명령어		설명
Fix	⚓	지오메트리를 고정하는 명령어
Coincidence	◎	엘리먼트와 다른 엘리먼트를 일치시키는 명령어
Concentricity	◉	두 개의 호/원의 중심을 같게 하는 명령어
Tangency	=	두 개의 엘리먼트를 연속성 있게 접선으로 만드는 명령어
Parallelism	⊥	두 개의 라인을 평행하게 만드는 명령어
Perpendicularity	⌐	두 개의 라인을 수직으로 만드는 명령어
Horizontal	H	라인을 수평으로 만드는 명령어
Vertical	V	라인을 수직으로 만드는 명령어
Symmetry	⬦	중심축을 기준으로 좌/우 대칭으로 만드는 명령어

5. 치수 구속 조건 명령어(Dimensional Constraints)

치수 구속 조건의 명령어에 대한 설명은 아래 표와 같다.

명령어		설명
Distance		두 개의 엘리먼트 사이의 거리를 계산
Length		구속된 엘리먼트 길이를 계산
Angle		평행하지 않은 두 개의 엘리먼트 사이의 각도를 계산
Radius/Diameter		호/원의 반경이나 지름 치수를 계산

6. 3D 엘리먼트 참조 스케치(Sketch in Context)

Sketch in Context는 기존 3D 형상의 엘리먼트를 사용하여 새로운 스케치의 치수 및 구속 조건을 생성하는 방법이다. 위와 같이 3D 형상을 사용하여 치수 및 구속 조건을 부여하는 이유는 모델 수정을 효율적으로 하기 위해서다.

아래 예제를 통해 Sketch in Context에서 치수 및 구속 조건을 생성하는 방법에 대해 설명하였다.

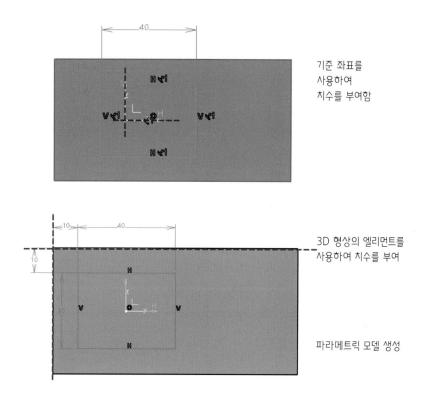

기준 좌표를
사용하여
치수를 부여함

3D 형상의 엘리먼트를
사용하여 치수를 부여

파라메트릭 모델 생성

7. 스케치 기준면 재정렬(Normal View)

스케치에서 기존에 생성한 3D 엘리먼트를 사용하여 치수 및 구속 조건을 부여할 때, 3D 공간에서 모델을 회전시키면, 엘리먼트를 쉽게 선택할 수 있다.

3D 엘리먼트를 선택한 후에 스케치 뷰와 동일한 평면으로 되돌아가려면, Normal View 아이콘을 클릭하면 된다.

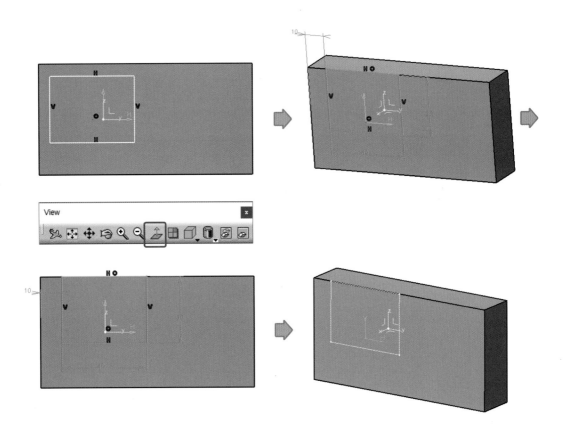

Normal View 아이콘은 스케치 기준면과 평행한 화면을 보여 주는 명령어이다.

8. 지오메트리 스케치 순서

스케치에서 지오메트리를 쉽게 생성하려면 아래의 순서대로 단면을 생성하면 쉽게 스케치를 할 수 있다.

(1) 모양과 크기를 대략적으로 스케치한다. 라운드나 모따기는 스케치하지 않는다.
(2) 구속 조건을 먼저 부여한다.
(3) 치수를 생성한다.

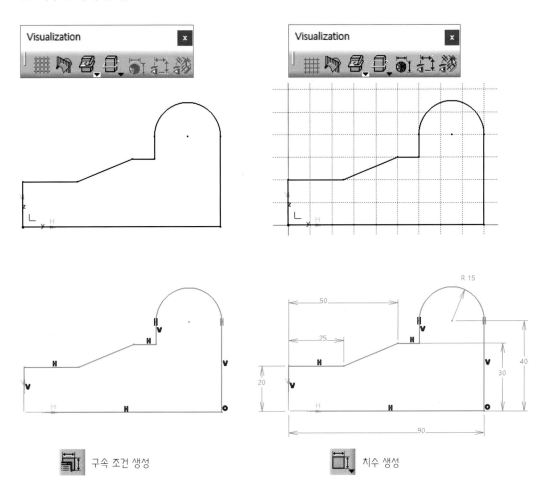

구속 조건 생성   치수 생성

9. 치수 구속 조건 방향 설정

스케치에서 단면의 치수를 생성할 때, 선택한 엘리먼트의 치수 방향을 선택할 수 있다. 원의 경우 원호나 중심점 선택하여 치수를 부여할 수 있다.

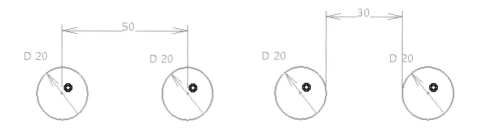

두 개의 원이나 중심점 사이에 치수를 생성할 때, MB3 버튼을 클릭하여 가로나 세로 방향으로 치수 방향을 선택할 수 있다.

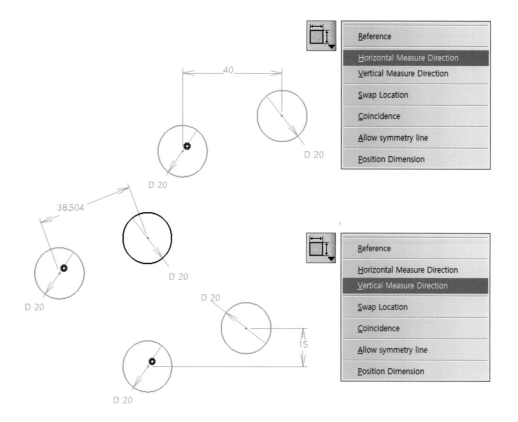

■ 스케치 예제 01

❶

❷

❸

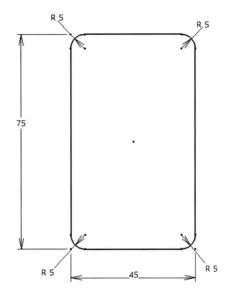

■ 스케치 예제 02

❶

❷

❸

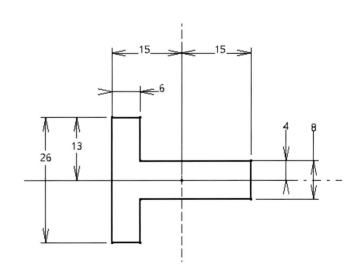

■ 스케치 예제 03

❶

❷

❸

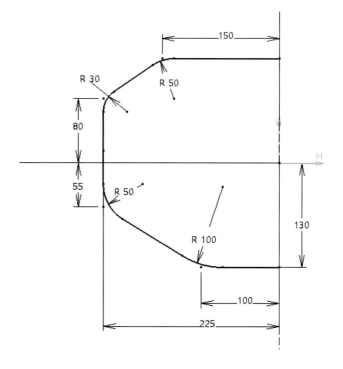

■ 스케치 예제 04

❶

❷

❸

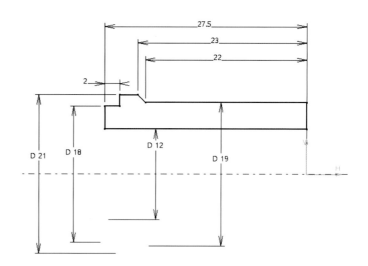

■ 스케치 예제 05

❶

❷

❸

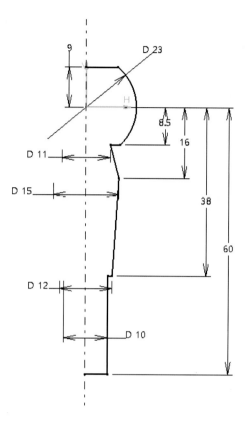

『네이버 카페 – CHAPER 2 스케치 단면 생성하기 : STEP 03 | 스케치 치수 및 지오메트리 구속 조건』– 예제 및 모델링 동영상 파일을 업로드하였다.

복잡한 스케치를 위한 추가 명령어

1. Axis 명령어

회전체 형상의 경우 중심축이 필요하며 스케치 단면에서 축(Axis)을 생성한 후에 스케치를 해야 한다. Shaft나 Groove와 같은 회전체 명령어로 형상을 생성할 때, 스케치에서 생성한 축은 자동으로 지정된다. 반지름과 지름 치수의 경우 중심축을 기준으로 치수를 정의할 수 있다. 스케치에서 좌/우 대칭 형상으로 된 지오메트리를 축(Axis)을 사용하여 대칭 복사할 수 있다.

축(Axis)을 생성하는 방법은 아래와 같다.

❶ Sketcher Workbench에서 Axis 아이콘을 선택한다. ❶

❷ 축을 생성하기 위해 첫 번째 점을 원하는 곳에 MB1 버튼으로 클릭한다.

❸ 두 번째 점을 MB1으로 클릭해서 축을 생성한다.

❹ 스케치 엘리먼트를 먼저 선택하고 축을 선택한다.

❺ MB3 버튼을 클릭하면 하위 메뉴가 보인다. Radius/Diameter를 클릭한다.

❻ MB1 버튼을 클릭하고 원하는 곳에 치수를 위치시킨다.

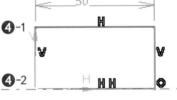

❼ 스케치 단면을 생성하고 Shaft 명령어를 선택하고 회전체 형상을 생성한다.

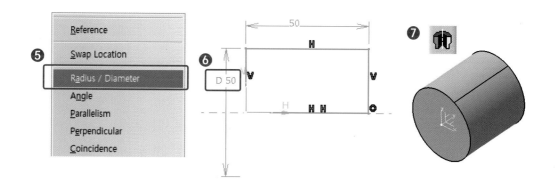

2. Re-Limitation 명령어

Re-Limitation명령어는 스케치된 지오메트리를 잘라내거나 연장할 때 자주 사용하는 명령 어로 Operation 툴바에서 Trim 아이콘의 화살표를 선택하면 Re-Limitation 툴바의 하위 화면 창이 나타난다.

명령어		설명
Trim		두 개의 지오메트리를 선택하면 교차점을 기준으로 자르거나 지오 메트리를 연장할 수 있는 명령어
Break		지오메트리를 선택하여 자르는 기준점을 정의하여 선택된 지오메 트리를 자를 수 있는 명령어
Quick Trim		교차점을 가지는 지오메트리를 지우고자 하는 요소를 선택하여 지 울 수 있는 명령어
Close		호를 원으로 만들어 줄 수 있는 명령어
Complement		타원이나 호를 반대편으로 전환하여 형상을 표현하는 명령어

3. Trim 명령어

Trim 명령어를 선택하면, Sketch Tools 툴바에 확장된 트림 명령어가 나타난다.

❶ Trim All Elements mode: 두 개의 선택된 엘리먼트를 잘라내는 옵션
❷ Trim First Elements mode: 처음 선택된 엘리먼트는 삭제되고 두 번째 선택된 엘리먼트
는 그래도 유지되는 옵션

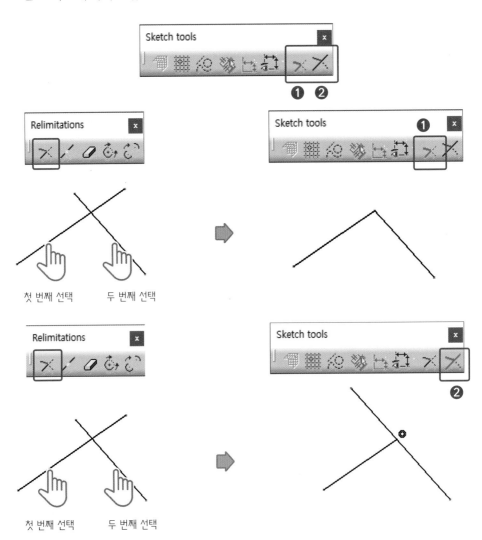

4. Break 명령어

Break 명령어로 지오메트리를 선택하면, 자르는 기준점이 표시된다. 이때 기준점을 선택하여, 지오메트리를 두개로 분할할 수 있다.

❶ Break 아이콘을 선택한다.
❷ 지오메트리를 선택한다.
❸ 자를 기준점을 선택한다.

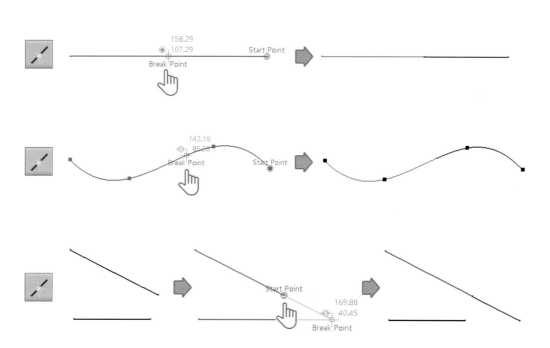

5. Quick Trim 명령어

Quick Trim 명령어를 선택하면, Sketch Tools 툴바에 확장된 트림 명령어가 나타난다.

❶ Break and Rubber In: 여러 개의 엘리먼트 중에서 교차되는 엘리먼트의 안쪽 영역이 삭제된다.

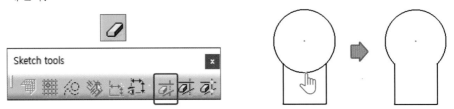

❷ Break and Rubber Out: 여러 개의 엘리먼트 중에서 교차되는 엘리먼트의 바깥쪽 영역이 삭제된다.

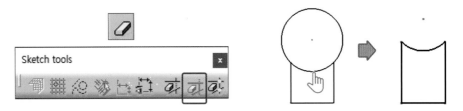

❸ Break and Keep: 여러 개의 엘리먼트 중에서 교차되는 엘리먼트를 선택하면 그대로 유지되면서 엘리먼트가 Beak되면서 별도로 구성되어 생성된다.

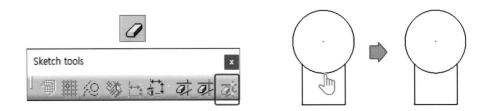

6. Transformation 옵션

Transformation 툴바는 Operation 툴바의 하위 메뉴에 있으며, 스케치 지오메트리를 수정하거나 복사할 때 사용한다.

명령어		설명
Mirror		중심축을 기준으로 한쪽 형상을 선택하여, 반대편에 있는 대칭 형상을 생성하는 명령어
Symmetry		중심축을 기준으로 한쪽 형상을 선택하여, 반대편에 있는 대칭 형상을 이동시켜 생성하는 명령어
Translate		선택된 지오메트리를 정의한 거리값만큼 이동/복사하여 생성하는 명령어
Rotate		선택한 지오메트리를 중심점 기준으로 입력한 각도값만큼 회전시켜 생성하는 명령어
Scale		선택한 지오메트리를 중심점 기준으로 입력한 Scale 값만큼 확대/축소하여 변환 및 생성하는 명령어
Offset		선택한 지오메트리를 정의한 방향 및 거리만큼 이동하여 생성하는 명령어

(1) 대칭 복사 / 대칭 이동 명령어(Mirror / Symmetry)

대칭 복사(Mirror)와 대칭 이동(Symmetry) 옵션은 축을 기준으로 지오메트리를 대칭 형상으로 만드는 명령어이다.

❶ Mirror: 중심축을 기준으로 선택한 지오메트리를 대칭 복사한다.

❷ Symmetry: 중심축을 기준으로 선택한 지오메트리를 대칭 이동한다.

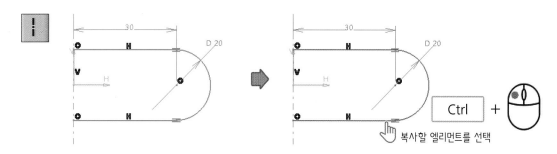

복사할 엘리먼트를 선택

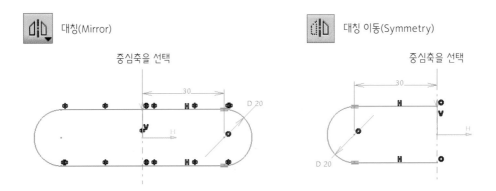

(2) 이동(Translate) 명령어

이동(Translate) 명령어는 스케치에서 선택한 지오메트리를 지정한 방향에 따라 이동시킨다. 이동하는 방법은 아래와 같다.

❶ 이동시킬 지오메트리를 선택한다.

　다중 선택하려면 Ctrl + MB1으로 클릭한다.

❷ 이동(Translate) 아이콘을 클릭한다.

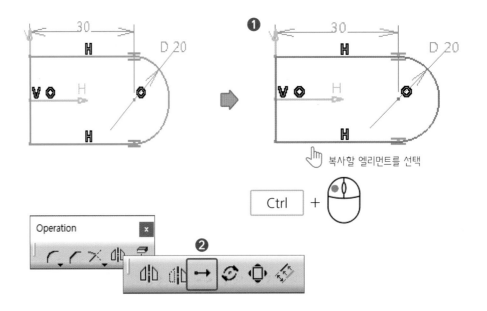

❸ Translation 화면창이 나오면 Duplicate탭 항목을 선택한다.

   - Instance(s) 옵션은 다수의 복사할 지오메트리를 동일한 간격으로 생성할 수 있다.

   - Duplicate mode 항목 옵션을 활성화하면, 원본 지오메트리는 그대로 있고 복사한
    지오메트리를 새로운 위치에 생성한다.

❹ Duplicate 탭 항목에서 구속 조건의 상태를 설정할 수 있다.

   - Keep Internal Constraints: 지오메트리에 생성한 구속 조건을 복사

   - Keep External Constraints: 지오메트리의 생성한 구속 조건을 복사 안 함

❺ 복사할 지오메트리의 첫 번째 포인트를 MB1으로 클릭한다.

❻ Length 항목에서 Value 항목에 이동할 거리를 입력한다.

❼ 두 번째 포인트가 움직이면, 원하는 위치에 방향을 지정한다

❽ 지오메트리를 놓고 MB1으로 클릭한다.

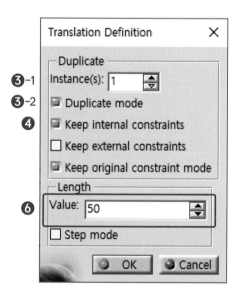

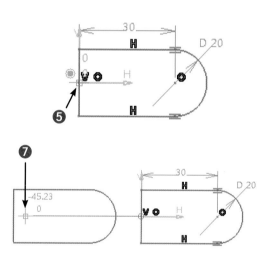

(3) 회전(Rotation) 명령어

회전(Rotation) 명령어는 스케치에서 선택한 지오메트리를 중심점을 기준으로 회전하며,
회전하는 방법은 아래와 같다.

❶ 이동시킬 지오메트리를 선택한다.

　　다중 선택하려면 Ctrl + MB1으로 클릭한다.

❷ 회전(Rotation) 아이콘을 클릭한다.

❸ Rotation 화면창이 나오면 Duplicate 탭 항목을 선택한다.

　- Instance(s) 옵션은 다수의 복사할 지오메트리를 동일한 각도로 생성할 수 있다.

　- Duplicate mode 항목 옵션을 활성화하면, 원본 지오메트리는 그대로 있고 복사한
　　지오메트리를 새로운 위치에 생성한다.

❹ Duplicate 탭 항목에서 구속 조건의 상태를 설정할 수 있다.

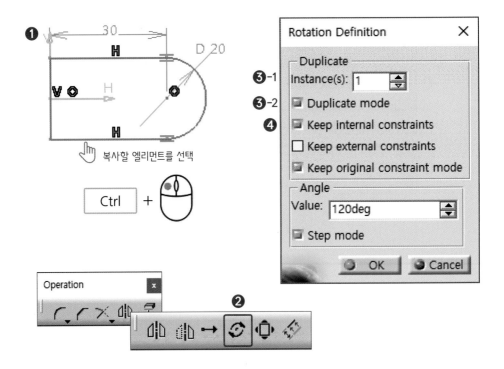

❺ 복사할 지오메트리에서 중심점을 MB1으로 클릭한다.

❻ 회전시킬 각도의 기준 축은 생성하기 위해 기준 축의 끝점을 MB1으로 클릭한다.

❼ Angle 항목에서 Value 항목에 각도를 입력한다.

❽ 두 번째 포인트가 움직이면, 원하는 각도에 지오메트리를 놓고 MB1으로 클릭한다.

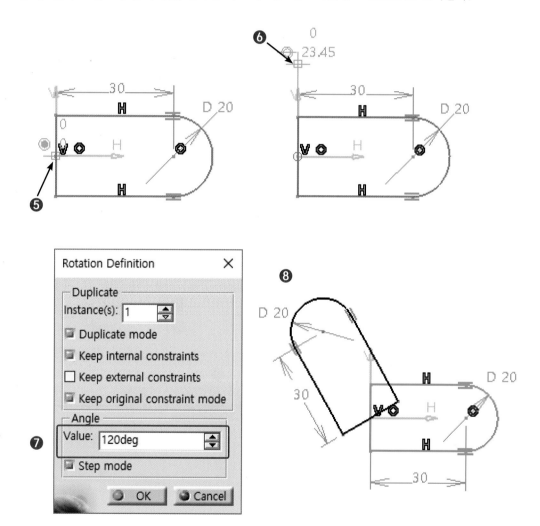

(4) 축척(Scale) 명령어

축척(Scale) 명령어는 스케치에서 선택한 지오메트리를 중심점을 기준으로 크기를 조절할 수 있다. 축척(Scale) 명령어를 사용하여 지오메트리를 크기 조절하는 방법은 아래와 같다.

❶ 크기를 조절할 지오메트리를 선택한다.
　 다중 선택하려면 Ctrl + MB1으로 클릭한다.

❷ 축척(Scale) 아이콘을 클릭한다.

❸ Scale 화면창이 나오면 Duplicate 탭 항목을
　 선택한다.

　- Duplicate mode 항목 옵션을 활성화하면,
　　 원본 지오메트리는 그대로 있고 복사한 지
　　 오메트리를 새로운 위치에 생성한다.

❹ Duplicate 탭 항목에서 구속 조건의 상태를
　 설정할 수 있다.

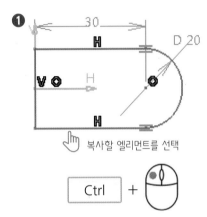

복사할 엘리먼트를 선택

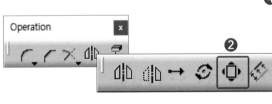

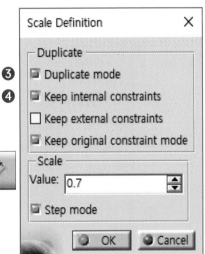

❺ 크기를 조절할 지오메트리의 중심점을 MB1으로 클릭한다.

❻ Scale 항목에서 Value 항목에 치수를 입력한다.

❼ 두 번째 포인트가 움직이면, 원하는 크기로 조절한 지오메트리를 놓고 MB1으로 클릭한다.

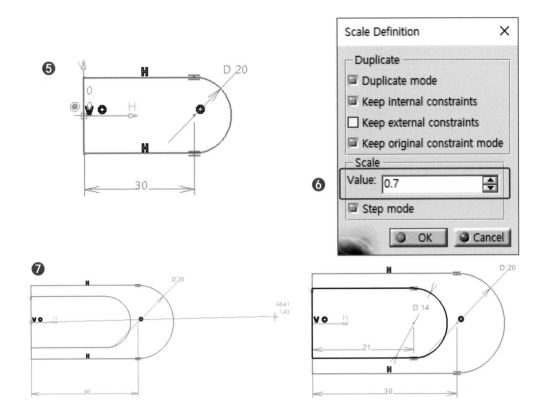

(5) 오프셋(Offset) 명령어

오프셋(Offset) 명령어는 스케치에서 선택한 지오메트리를 정의한 방향 및 거리만큼 이동시킬 수 있으며, Sketch Tools 툴바에서 3가지 모드를 선택할 수 있다.

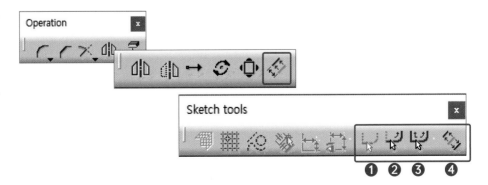

Offset 명령어는 Sketch Tools 툴바에서 4가지 모드를 선택할 수 있다.

❶ No Propagation: 선택한 엘리먼트만 오프셋한다.

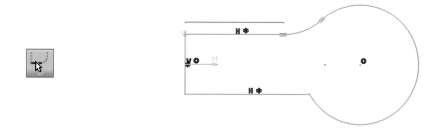

❷ Tangent Propagation: 탄젠트한 엘리먼트만 오프셋한다.

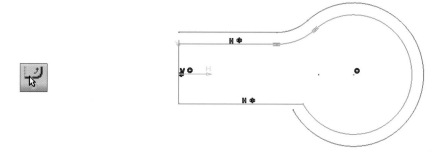

❸ Points Propagation: 전체 엘리먼트를 오프셋한다.

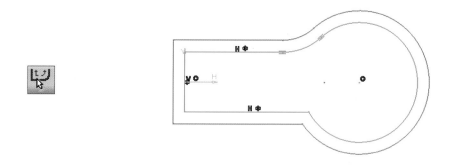

❹ Both Side Offse: 선택한 엘리먼트를 양쪽 방향을 오프셋한다.

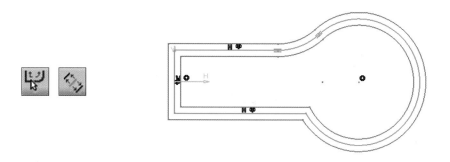

① 오프셋할 지오메트리를 MB1으로 클릭한다.

② Offset 아이콘을 클릭한다.

③ Sketch Tools 툴바에서 Propagation 항목을 선택한다.

④ Both Side Offset 아이콘을 선택한다.

⑤ Instance(s) 항목에서 오프셋할 숫자를 입력한다.

⑥ 오프셋할 방향으로 마우스 커서를 움직인다.

⑦ Offset 항목에서 거리를 입력한다.

⑧ Enter 키를 클릭한다.

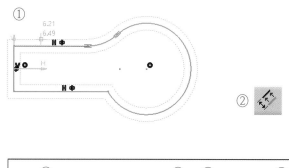

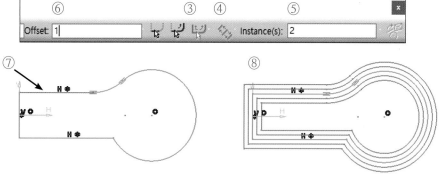

7. 3D Geometry 옵션

3D Geometry 옵션은 3D로 생성된 지오메트리를 스케치 평면에 엘리먼트를 투영하는 명령어이다. 3D Projection 툴바는 3D Geometry 툴바의 하위 메뉴에 있다.

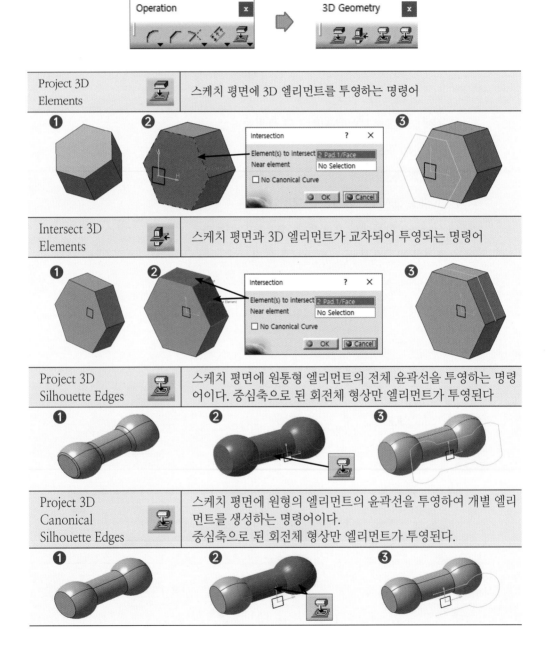

8. 투영된 엘리먼트 링크 끊기(Isolate Projected Elements)

3D Projection 명령어를 사용하여 투여하여 생성한 엘리먼트는 3D 지오메트리와 링크로 연결되어 있다. 링크로 연결된 스케치 단면을 수정하면 3차원 형상의 설계 변경을 쉽게 할 수도 있으나, 복잡한 모델의 경우 스케치 에러가 발생하여 형상이 업데이트되지 않는다. 이때 스케치에서 3D 지오메트리와 엘리먼트의 링크를 끊어야 한다.

3D 지오메트리와 엘리먼트의 링크를 끊으려면, 링크로 연결되어 투영된 엘리먼트를 MB3 버튼을 클릭하면 하위 메뉴가 나오면 Mark.x object - Isolate를 클릭하면 된다.

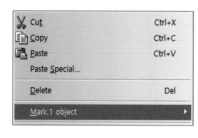 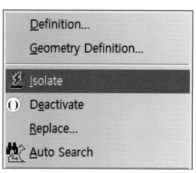

3D 지오메트리를 수정하면 스케치에 투영되어 생성한 엘리먼트는 더 이상 링크로 연결되지 않는다. 투영된 엘리먼트가 Isolate로 되면 Line, Point, Arc로 구성된다.

■ 스케치 예제 01

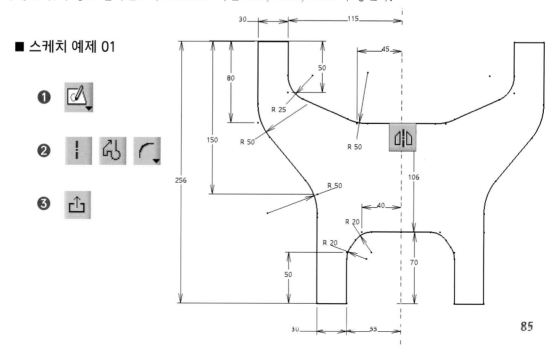

■ 스케치 예제 02

❶

❷

❸

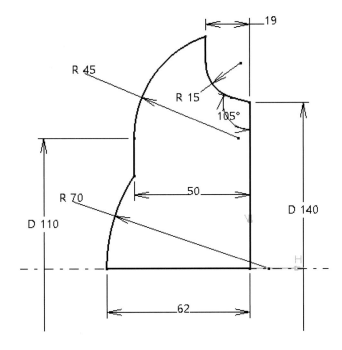

■ 스케치 예제 03

❶

❷

❸

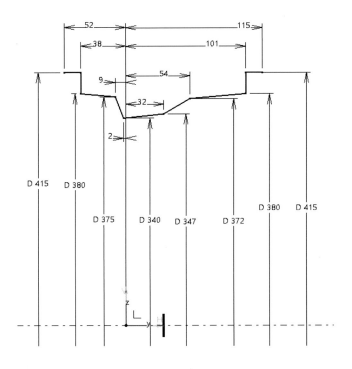

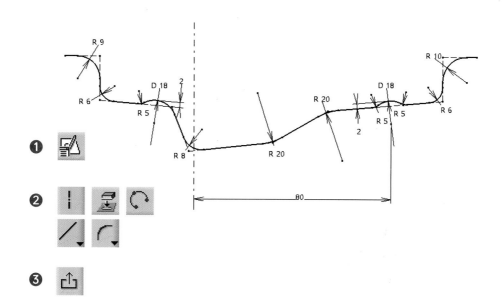

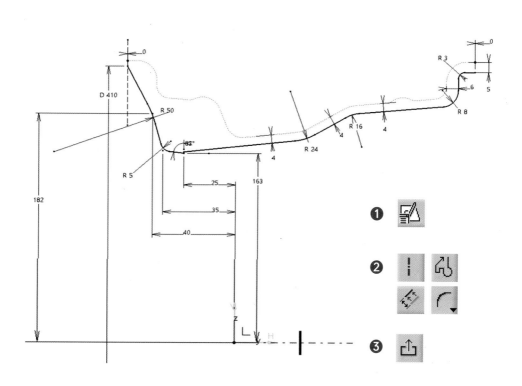

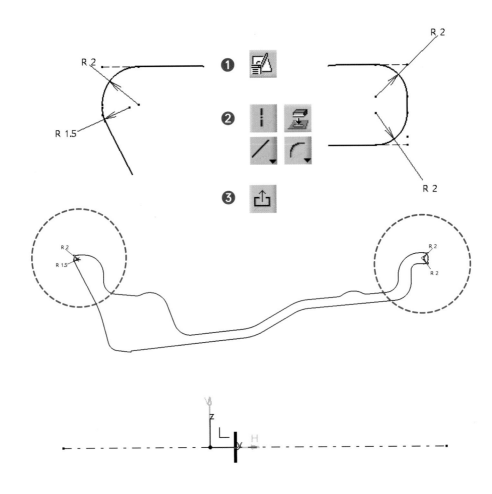

『네이버 카페 – CHAPER 2 스케치 단면 생성하기 : STEP 04 | 복잡한 스케치를 위한 추가 명령어』 – 예제 및 모델링 동영상 파일을 업로드하였다.

스케치 종류 및 분석 방법

1. 스케치 종류(Types of Sketches)

스케치는 두 가지 종류가 있으며, 스케치 기준면만 선택하는 Sketch와 스케치 기준면과 H/
V 방향을 사용자가 설정할 수 있는 Positioned Sketch가 있다.

(1) Sketch

새로운 스케치를 생성하기 위해, Sketcher Workbench를 열어서 스케치 기준면 선택하
면 자동으로 스케치를 생성한다.

❶ Sketch 아이콘을 선택한다.
❷ 스케치 기준면을 yz 평면을 클릭한다.
❸ 스케치가 생성된다.

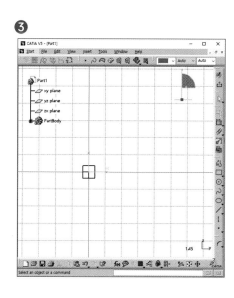

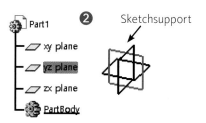

Sketchsupport

(2) Positioned Sketch

새로운 스케치를 생성하기 위해 사용자가 지정한 스케치 평면에 다양한 변수를 지정하여 원하는 뷰 방향을 선택해서 생성할 수 있다.

❶ Positioned Sketch 아이콘을 클릭하면 화면창이 나타난다. Positioned 항목을 선택하고, yz 평면을 클릭한다.

❷ Origin 항목은 스케치 원점을 선택하는 옵션으로, 선택한 항목에 따라 기준 평면에 원점이 투영되어 선택된다.

❸ Origin 항목은 스케치 원점을 선택하는 옵션으로, 선택한 항목에 따라 기준 평면에 원점이 투영되어 선택된다.

❹ Reverse H/V 항목은 화살표 방향을 바꾸는 옵션이다.

Swap 항목은 H/V D 방향을 바꿔 준다.

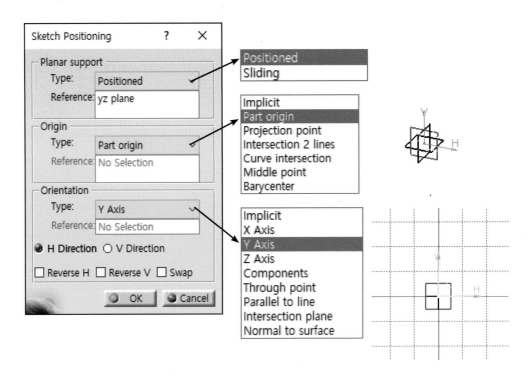

2. 스케치 표현법(Sketcher Visualizations)

Visualization 툴바는 스케치에서 그리드, 치수 및 지오메트리 구속 조건 등을 활성화/비활성화하는 명령어 모음이다.

명령어		설명
Grid		작업 중인 Sketch 평면을 기준으로 Partbody의 솔리드 단면을 보여주는 명령어
Cut Part by Sketch Plane		중심축을 기준으로 한쪽 형상을 선택하여, 반대편에 있는 대칭 형상을 이동시켜 생성하는 명령어
Visu 3D		작업 중인 Sketch 평면을 기준으로 3D 시각적 특성을 제어해 주는 명령어
Diagnostics		스케치에서 생성된 구속 조건이 보이게 활성화/비활성화하는 명령어
Dimensional Constraint		스케치에서 생성된 치수 구속 조건(길이, 지름, 반지름 등)을 보이게 활성화/비활성화하는 명령어
Geometrical Constraint		스케치에서 생성된 지오메트리 구속 조건(일치, 수평, 수직, 평행 등)을 보이게 활성화/비활성화하는 명령어

(1) Cut Part by Sketch Plane

Sketch에서 스케치 평면을 기준으로 Partbody의 솔리드 단면을 잘라서 보여 주는 기능이다.

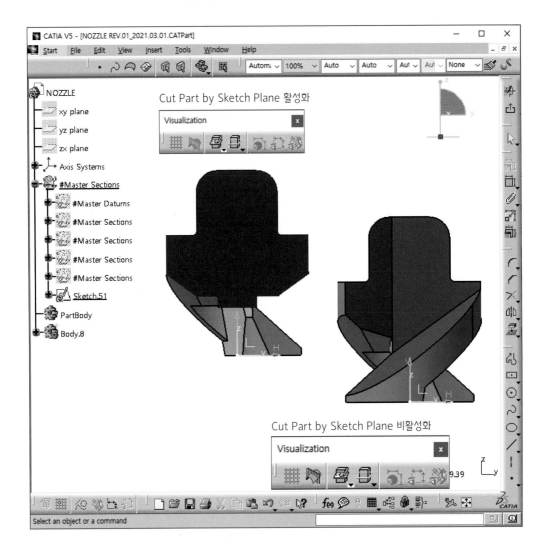

(2) Visu 3D

작업중인 Sketch에서 스케치 평면을 기준으로 3D시각적 특성을 제어하는 명령어이다.

❶ Usual: 생성된 3D Part가 전부 보임

❷ Low Light: 생성된 3D Part 희미하게 보임

❸ No 3D Background: 생성된 3D Part가 안 보임 `

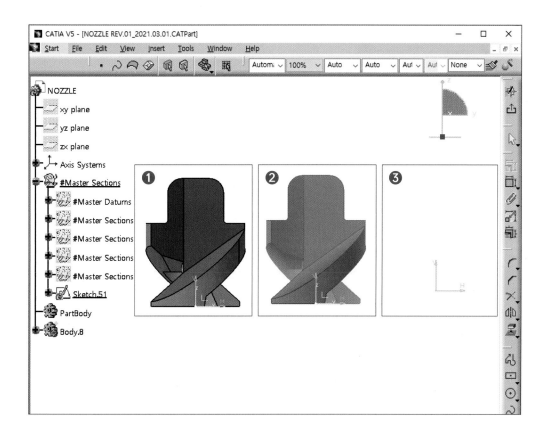

(3) Diagnostics

스케치에서 생성된 구속 조건이 보이게 활성화/비활성화하는 명령어이다.

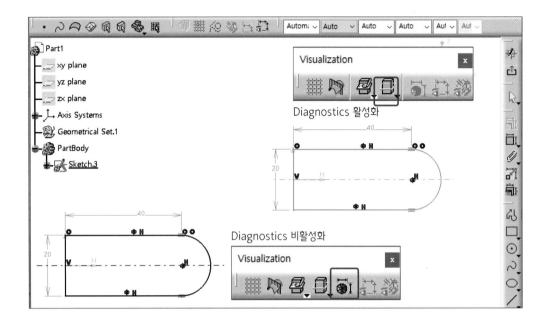

(4) Dimensional Constraint

스케치에서 생성된 치수 구속 조건(길이, 지름, 반지름 등)이 보이게 활성화/비활성화 하는 명령어이다.

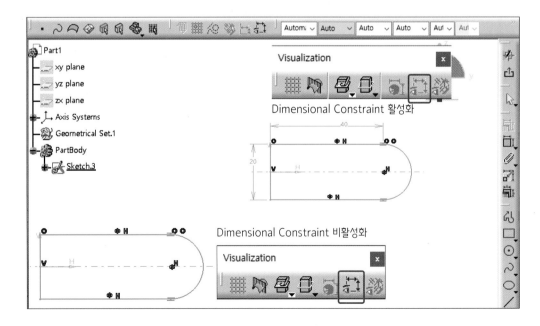

(5) Geometrical Constraint

스케치에서 생성된 지오메트리 구속 조건(일치, 수평, 수직, 평행 등)이 보이게 활성화/
비활성화하는 명령어이다.

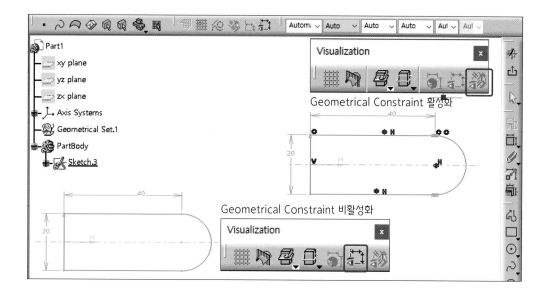

3. 스케치 분석(Sketch Analysis)

Sketch Analysis 명령어는 스케치에서 에러나 어떤 문제가 발생할 때 해결할 수 있게 도와
주는 명령어이다.

스케치에서 지오메트리의 구속 조건의 상태(Under-Constrained, Iso-Constrained, Over-
constrained 등)를 확인하여 수정할 수 있다. 스케치 단면의 경우 닫힌 단면으로 구성해야 되
는데, 열린 단면으로 구성되면 Sketched-Based Feature 명령어를 사용하여 형상을 생성하는

경우 에러가 발생한다. 이때 Sketch Analysis 명령어를 사용하여 열린 단면으로 구성됐는지를
쉽게 확인하여 에러를 수정할 수 있다.

❶ Sketch Profile ❷ PAD 명령어 ❸ Feature 에러 발생

Sketch Analysis 명령어를 실행하면 3개의 탭을 가진 창이 나타난다. 각각의 탭은 스케치에
서 생성한 지오메트리를 분석하여 상태 정보를 알려준다.

(1) Geometry 탭

스케치에서 생성한 지오메트리 정보를 나타내고 수정을 할 수 있다.

❶ General Status: 스케치한 전체 지오메트리 상태를 분석한다.

❷ Detailed Information: 스케치에서 생성한 지오메트리 구성 요소를 상태를 제공한다.

❸ Corrective Actions: 스케치에서 생성한 지오메트리를 수정할 수 있는 명령어를 제공
한다.

❸-1 Standard Element를 Construction element로 변경할 수 있다.

❸-2 열린 단면을 닫힌 단면을 변경
할 수 있다.

❸-3 지오메트리를 삭제할 수 있다.

❸-4 구속 조건을 전부 숨길 수 있다.

❸-5 Construction Geometry를 모
두 숨길 수 있다.

❸-6 프로파일의 방향을 변경할 수
있다.

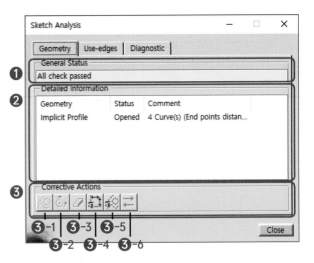

(2) Projection / Intersections 탭

스케치에서 교차되거나 투영되어 생성된 엘리먼트의 정보 상태를 나타내고 지오메트리를 수정할 수 있다.

❶ Detailed Information: 스케치에서 투영되거나 교차되어 투영된 엘리먼트의 상태 정보를 알려준다.

❷ Corrective Action: 스케치에서 투영하여 생성한 엘리먼트를 수정할 수 있는 명령어를 제공한다.

  ❷-1 지오메트리의 링크를 끊는다(isolate).

  ❷-2 구속 조건을 활성화/비활성화할 수 있다.

  ❷-3 지오메트리를 지운다.

  ❷-4 3D 지오메트리를 변경할 수 있다.

  ❷-5 구속 조건을 전부 숨길 수 있다.

  ❷-6 Construction Geometry를 모두 숨길 수 있다.

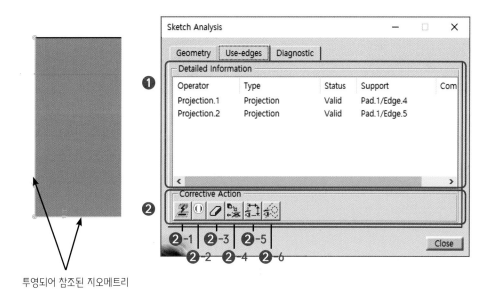

투영되어 참조된 지오메트리

(3) Diagnostics 탭

스케치 지오메트리에 대한 모든 상태 정보를 표시하고, 스케치 분석 및 개별 지오메트리나 엘리먼트 정보를 분석하고 수정할 수 있다.

❶ Solving Status: 스케치한 전체 지오메트리 상태를 분석한다.

❷ Detailed Information: 스케치에서 생성한 지오메트리의 구속 조건 상태를 제공한다.

❸ Action: 스케치에서 생성한 지오메트리의 치수 및 구속 조건을 감출 수 있다.

　❸-1 구속 조건을 전부 숨길 수 있다.

　❸-2 Construction Geometry를 모두 숨길 수 있다.

　❸-3 지오메트리를 지운다.

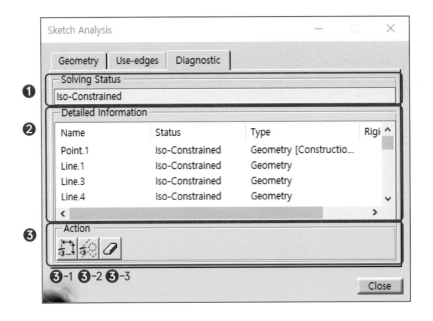

4. 스케치 옵션(Sketcher Options)

스케치할 때 기본적인 옵션을 설정할 수 있는데, 설정 방법은 Menu - Tools - Options - Mechanical Design - Sketcher에서 관련된 옵션을 선택할 수 있다.

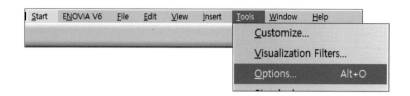

아래 Sketcher와 관련 옵션 항목이고 체크한 항목은 기본값으로 설정된다.

❶ Grid 설정과 관련된 옵션이다.

❷ Sketch Plane과 관련된 옵션이다.

❸ Geometry 설정과 관련된 옵션이다.

❹ Constraint 설정과 관련된 옵션이다.

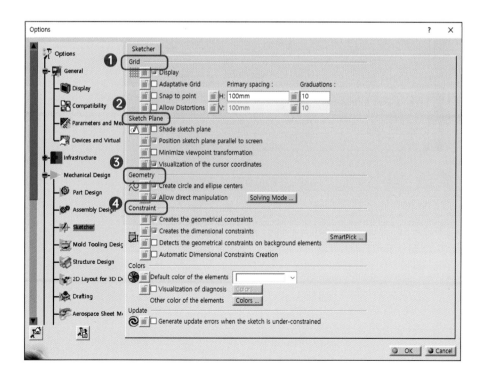

스케치에서 3D와 2D 지오메트리의 정확성을 향상시키기 위해 아래 옵션을 설정할 수 있다.

✓ 3D Accuracy

❶ Fixed: 값이 작을수록 3D 형상을 부드럽게 표현한다.

✓ 2D Accuracy

❷ Fixed: 값이 작을수록 3D 형상을 부드럽게 표현한다.

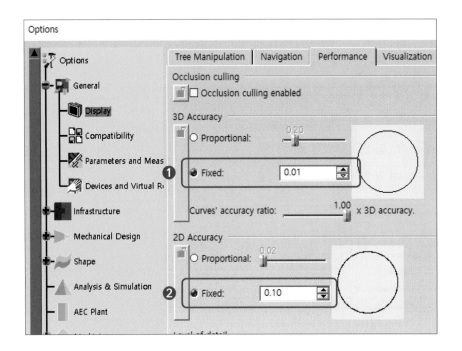

『네이버 카페 – CHAPER 2 스케치 단면 생성하기 : STEP 05 | 스케치 종류 및 분석 방법』– 예
제 및 모델링 동영상 파일을 업로드하였다.

Chapter 3

기본 파트 디자인

STEP 01 파트 디자인(Part Design) 소개

1. 파트 디자인(Part Design) 생성하기

새로운 모델을 생성하려면, Part Design Workbench를 활성화해야 한다. 아래 3가지 방법으로 새로운 PART를 생성할 수 있다.

(1) START - Mechanical Design - Part design

(2) File - New를 클릭하고 New dialog box 화면에서 Part를 선택한다.

(3) Standard 툴바에서 New 아이콘을 클릭하고 New dialog box 화면에서 Part를 선택한다.

Part를 저장하려면, 컴퓨터에서 폴더를 지정하고 파일을 저장하면, 확장자는 *.CATPAT로 생성된다.

2. 파트 디자인(Part Design) 화면 구성

파트 디자인 워크벤치는 솔리드 형상을 작업하는 공간을 말하며, 스케치를 통해 3차원 형상을 생성하는 Sketch-Based Feature, 구배 및 라운드 등과 같이 모델을 꾸며 주는 Dress-Up Feature, 복잡한 모델의 경우 파트 바디를 그룹화할 수 있는 Boolean Operations 명령어 등의 화면으로 구성되어 있다. 아래 그림은 파트 디자인 워크벤치의 툴바 및 명령어를 구성한 그림이다.

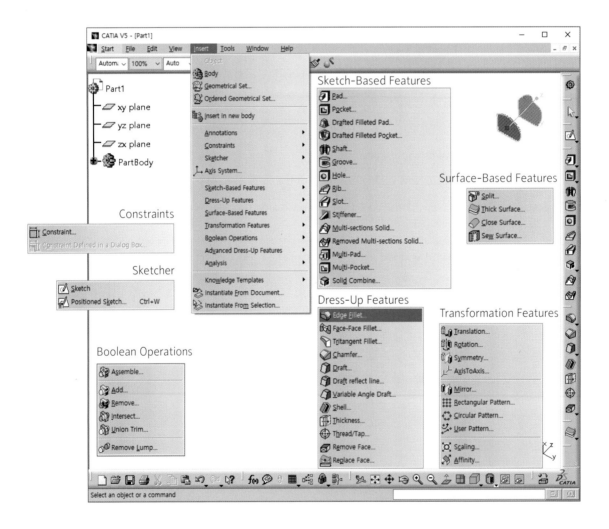

3. 파트 디자인(Part Design) 아이콘 설명

파트 디자인 워크벤치에 사용하는 툴바 및 아이콘 명령어를 설명하였다. 실행 방법은 뒷장에서 자세히 설명하였다.

(1) Sketch-Based Features

🔷 PAD: 2D Profile (Sketch)를 사용하여 형상을 돌출하는 명령어

🔷 Drafted Filleted Pad: Draft와 모서리 Fillet을 같이 사용하여 형상을 만들 수 있는 명령어

🔷 Multi Pad: 여러 개의 Sketch를 사용하여 형상을 돌출하는 명령어

🔷 Pocket: 2D Profile (Sketch)를 사용하여 형상을 빼는 명령어

🔷 Drafted Filleted Pad: Draft와 모서리 Fillet을 같이 사용하여 형상을 빼는 명령어

🔷 Multi Pad: 여러 개의 Sketch를 사용하여 형상을 빼는 명령어

🔷 Shaft: 2D Profile(Sketch)를 사용하여 회전하는 형상을 돌출하는 명령어

🔷 Groove: 2D Profile(Sketch)를 사용하여 회전하는 형상을 빼는 명령어

🔷 Hole: 지정된 Point와 방향을 지정하여 구멍을 생성하는 명령어

🔷 Rib: 2D Profile(Sketch)이 경로 곡선(Trajectory Curve)을 따라가면서 형상을 생성하는 명령어

🔷 Slot: 2D Profile (Sketch)이 경로 곡선(Trajectory Curve)를 따라가면서 형상을 빼는 명령어

🔷 Stiffener: 2D Profile(Sketch)이 리브 형상을 생성하는 명령어

🔷 Solid Combine: 두 개의 2D Profile을 선택하여 교차되는 형상을 생성하는 명령어

Multi-sections Solid: 다수의 2D Profile을 선택하여, 선택한 단면이 변화되는 형상을 생성하는 명령어

Removed Multi-sections Solid: 다수의 2D Profile을 선택하여, 선택한 단면이 변화되는 형상을 빼는 명령어

(2) Surface-Based Features

Split: 생성된 솔리드 형상을 선택된 Surface로 잘라내는 명령어

Thick Surface: Surface에 두께를 줘서 솔리드로 형상을 생성하는 명령어

Close Surface: 생성된 Surface가 닫혀 있는 형상일 때, 부피 안을 채워서 솔리드 형상으로 만드는 명령어

Sew Surface: Surface를 경계면으로 해서 솔리드를 채우거나 제거할 때 사용하는 명령어

(3) Dress-Up Features

Edge Fillet: 모서리를 부드럽게 라운드하는 명령어

Variable Radius Fillet: 모서리를 라운드 반경값을 가변으로 하는 명령어

Face Face Fillet: 두 개의 면과 면을 선택하여 부드럽게 하는 라운드

Tritangent Fillet: 세 개의 면이 접하고 있을 때, 하나의 면을 제거하여 라운드하는 명령어

솔리드 형상의 모서리를 모따기로 만드는 명령어

Draft Angle: 선택한 면에 일정한 각도를 주는 명령어

Draft Reflect Line: 선택한 곡면을 기준으로 인접한 면에 각도를 주는 명령어

Variable Angle Draft: 선택한 면에 가변으로 각도를 주는 명령어

Shell: 선택한 면은 제거되고, 나머지 면은 두께를 가지는 형상으로 생성되는 명령어

Thickness: 선택한 면에 두께를 부여할 수 있는 명령어

Thread / Tap: 원통형이나 구멍에 나사산의 정보를 생성하는 명령어

Remove Face: 솔리드 형상에 선택한 면을 제거하는 명령어

Replace Face: 선택한 면을 새로운 면으로 대체하는 명령어

(4) Transformation Features

Translation: Solid를 이동시키는 명령어

Rotation: 축을 기준으로 Solid를 회전시키는 명령어

Symmetry: Solid를 대칭하여 이동시키는 명령어

Mirror: Solid를 대칭 복사하는 명령어

Rectangular Pattern: 선택한 Feature들을 직교 방향으로 반복 생성하는 명령어

Circular Pattern: 선택한 Feature들을 원형 방향으로 반복 생성하는 명령어

User Pattern: 선택한 Feature들을 임의로 생성한 Point로 복사 생성하는 명령어

Scaling: 일정 비율로 Solid를 확대 또는 축소하는 명령어

(5) Reference Elements

Point: 점을 생성하는 명령어

Line: 선을 생성하는 명령어

Plane: 평면을 생성하는 명령어

(6) Analysis

Draft Analysis: Solid의 구배 각도를 분석하는 명령어

Curvature Analysis: Solid 표면 곡률을 분석하는 명령어

Tap-Thread Analysis: Solid에 생성된 나사산 정보를 분석하는 명령어

(7) Boolean Opearation

Assemble: Body 속성을 그대로 반영하면서 합치는 명령어

Add: Body 더해서 합쳐는 명령어

Remove: Body 빼는 명령어

Intersect: 두 개의 Body Solid가 교차해서 겹치는 부분을 남기는 명령어

Union Trim: 두 개의 Body Solid에서 선택한 부분을 제거하고 합치는 명령어

Remove Lump: Body 안에서 떨어진 형상을 제거하는 명령어

4. 파트 디자인(Part Design) 설계 트리 및 용어

파트 디자인 설계 트리에 표시되는 아이콘에 대한 용어 설명은 아래와 같다.

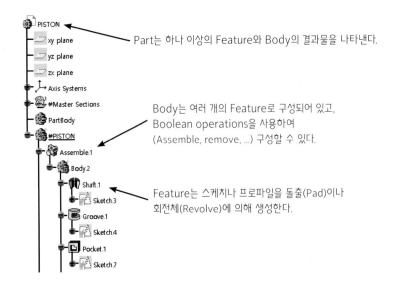

Part는 하나 이상의 Feature와 Body의 결과물을 나타낸다.

Body는 여러 개의 Feature로 구성되어 있고,
Boolean operations을 사용하여
(Assemble, remove, ...) 구성할 수 있다.

Feature는 스케치나 프로파일을 돌출(Pad)이나
회전체(Revolve)에 의해 생성한다.

5. 파트 디자인(Part Design) - 설계 방법론

파트 디자인으로 솔리드 모델링을 할 경우 일반적인 설계 방법론 절차에 대해 설명하였다.

(1)

돌출(Pad)를 생성하기 위해 Sketch에서 Profile을 그린다.

(2)

Sketch Profile을 사용하여 Sketch-Based Features 돌출(Pad)을 사용하여 초기 형상을 생성한다.

(3)

Dress-up Features 명령어를 사용하여 라운드 구배 등을 생성한다.

(4)

Sketch-Based Features의 명령어를 다른 형상을 추가하여 생성한다.

(5)

모델링된 형상을 수정하거나 생성된 Feature의 순서를 재정렬한다.

(6)

복잡한 모델의 경우 여러 개의 Part 추가하여 Body를 만들고 Bollean Operations 명령어를 사용하여 하나의 Part로 구성한다.

『네이버 카페 - CHAPER 3 기본 파트 디자인: STEP 01 | 파트 디자인(Part Design) 소개』 - 예제 및 모델링 동영상 파일을 업로드하였다.

1. 스케치 기반 피처 명령어(Sketch Based Feature)

솔리드 형상을 생성하려면 파트에 지오메트리를 더하거나 빼서 원하는 모양을 생성한다. 이때 사용하는 기본 Feature는 스케치나 서피스 엘리먼트를 사용하여 생성할 수 있다. 파트 디자인은 기본적으로 스케치 기반으로 형상을 생성하며, 대표적인 명령어는 돌출(Pad), 빼기(Pocket), 회전체 돌출(Shaft), 회전체 빼기(Groove), 홀(Hole)로 구성되어 있다.

파트 디자인에서 솔리드 모델링을 할 때, 스케치 기반 명령어의 선택 및 생성 방법은 먼저 주요한 형상을 돌출(Pad), 회전체 돌출(Shaft) 명령어를 사용하여 기초 형상을 생성한 후 삭제할 부분은 빼기(Pocket), 홀(Hole) 등의 명령어를 사용하여 제거하는 방법으로 형상을 생성한다.

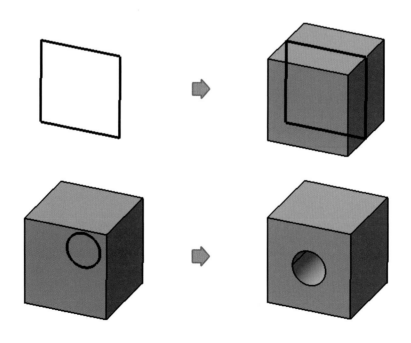

2. 돌출(Pad)

돌출(Pad)은 Sketch나 2D 단면(Profile)에서 기본 솔리드 형상을 돌출할 수 있으며, 새로운 Part를 생성할 때, 처음 생성되는 형상의 대부분 돌출(Pad) 명령어를 사용한다.

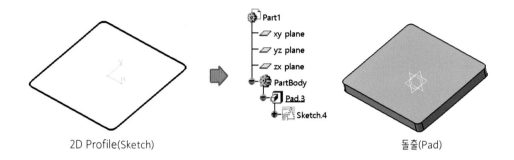

2D Profile(Sketch)   돌출(Pad)

돌출(PAD) 명령어를 사용하여 형상을 생성하는 순서는 아래와 같다.

❶ Sketch 아이콘을 선택하고 단면을 스케치한다.

❷ Sketch 단면을 선택한다.

❸ 원하는 Type을 Dimension으로 선택하고, Length에 치수를 입력하고 OK 버튼을 누른다.

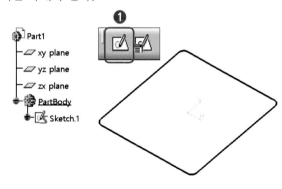

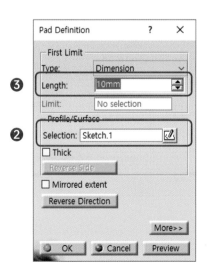

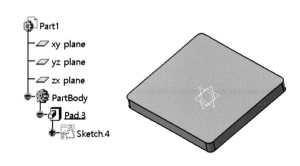

3. 돌출(Pad): Sub-Part of a Sketch 선택

Sketch에 여러 개의 단면 있는 경우 원하는 단면을
선택하여 돌출(Pad) 형상을 생성할 수 있다.

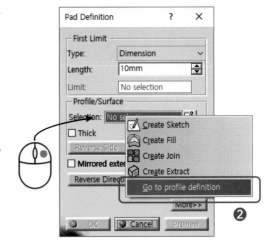

❶ 돌출(PAD) 아이콘을 선택한다.

   * Sketch 단면은 선택하지 않는다.

❷ Profile Selection에서 MB3 버튼을 클릭하고,
   Go to profile definition 탭을 선택한다.

❸ 화면창에서 Sub-elements option을 선택한다.

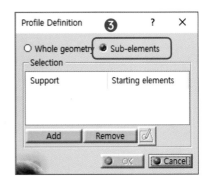

❹ 돌출(PAD)하고자 하는 원하는 단면의 하나의 선
   을 선택하면 자동으로 단면이 선택한다. OK 버튼
   을 클릭한다.

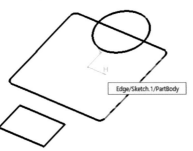

❺ 원하는 Type을 Dimension으로 선택하고 Length 에 치수를 입력하고 OK 버튼을 누른다.

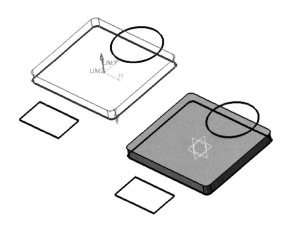

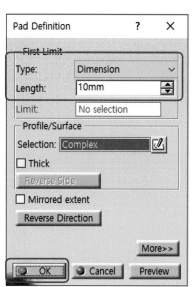

4. 돌출(Pad): Multi-length Pad

Sketch에 여러 개의 단면이 있는 경우, 각각의 단면 형상에 다른 치수를 부여해서 돌출 형상을 생성할 수 있다. Multi-length Pad는 치수가 다른 형상을 한 번에 만들 수 있는 명령어이다.

❶ Multi-length pad 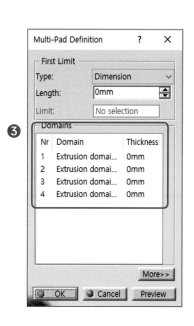 아이콘을 선택한다.

❷ Sketch를 선택하면 여러 개의 단면이 자동 선택된다.

　✓ 모든 스케치는 닫힌 단면이어야 한다.

　✓ 스케치 단면은 교차되면 안 된다.

❸ Pad Definition 창이 보이면, 돌출하기 위한 다수의 단면 형상이 선택된 Domains를 확인할 수 있다.

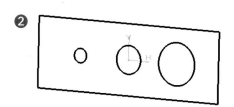

❹ 주황색 화살표는 스케치에 직교 방향으로 표시되며, 돌출 형상의 방향을 나타낸다. 반대 방향으로 하고 싶다면 주황색 화살표에 MB1 버튼을 클릭하면 화살표 방향이 전환된다.

❺ 리스트에 있는 Domain을 선택하면, 파란색 선으로 나타난다.

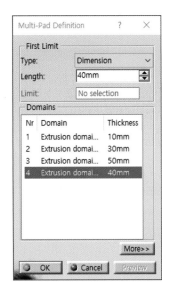
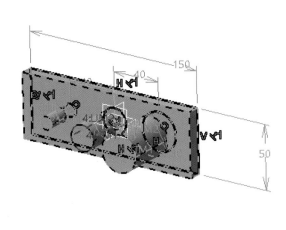

❻ 돌출하고자 단면 Domain에 치수를 입력한다. 다른 Domain에 있는 단면도 하나씩 선택해서 원하는 길이를 입력한다.

❼ OK 버튼을 누르면 생성된 돌출 형상을 확인할 수 있다.

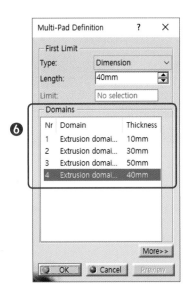
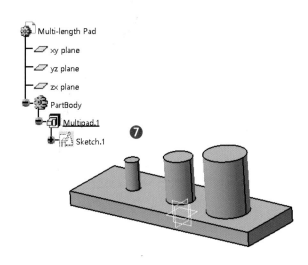

5. 돌출(Pad): Reverse Side

Reverse Side는 열린 단면을 사용할 때 적용하는 옵션이며, 돌출하고자 하는 단면의 방향을
선택할 수 있다.

❶ 돌출(PAD) 아이콘을 선택한다.

❷ 열린 스케치 단면을 선택한다.

❸ Pad 화면에서 Length 치수를 입력한다.

❹ Pad에서 돌출하여 채우고자 하는 방향의 화살표를 클릭한다. 방향을 바꾸고 싶으면,
MB1 버튼으로 화살표를 클릭한다.

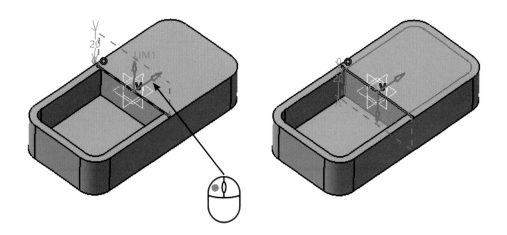

❺ OK 버튼을 클릭하고 최종 형상을 확인한다.

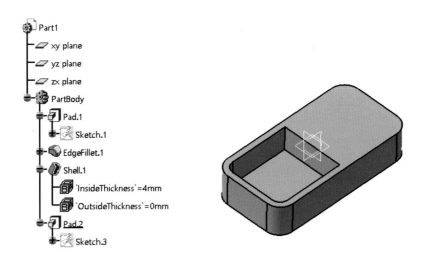

6. 돌출(Pad): 스케치 단면이 없는 경우

스케치 단면이 없을 경우 돌출(Pad) 아이콘을 클릭한 후 Sketcher에서 단면을 생성하여 돌출된 형상을 생성할 수 있다.

❶ 돌출(PAD) 🗗 아이콘을 선택한다.

❷ Sketch 아이콘을 선택하고 xy 평면을 선택하여 단면을 스케치한다.

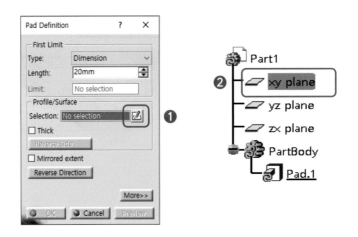

❸ 단면을 스케치하고 Exit workbench를 클릭한다.

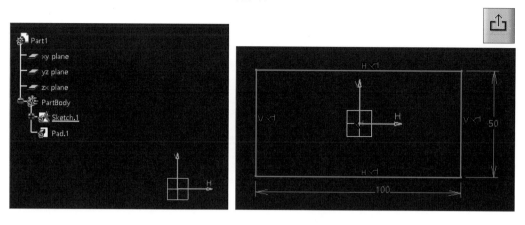

❹ Pad에서 돌출하여 채우고자 하는 방향의 화살표를 클릭한다. 방향을 바꾸고 싶으면,
MB1 버튼으로 화살표를 클릭한다.

❺ Pad창에서 Length에 치수를 입력하고 최종 형상을 확인한다.

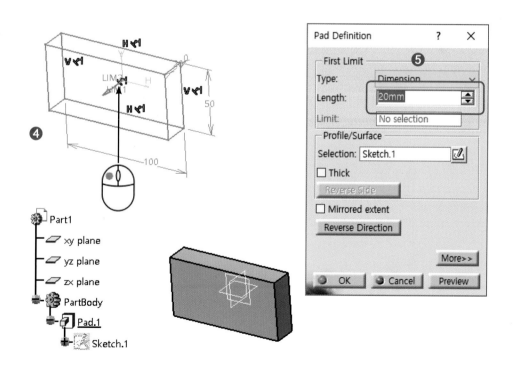

7. 빼기(Pocket)

빼기(Pocket)는 기존에 돌출된 형상에서 Sketch나 2D 단면(Profile)을 사용하여 형상을 삭제하는 명령어이다.

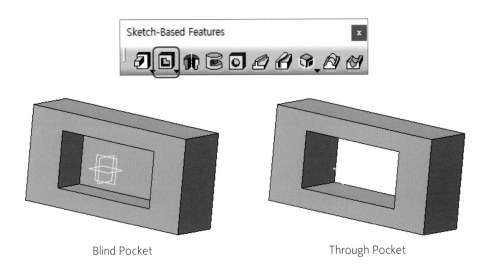

Blind Pocket   Through Pocket

빼기(Pocket) 명령어를 사용하여 형상을 삭제하는 방법은 돌출(PAD)의 생성 방법과 동일하다.

❶ 단면을 스케치한다.

❷ 스케치를 선택하고 빼기(Pocket) 아이콘을 선택한다.

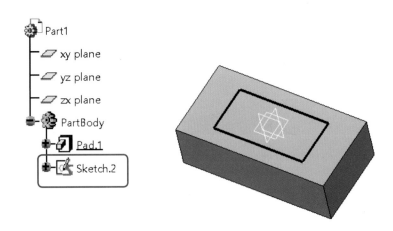

❸ Profile에서 Sketch를 선택한다.

❹ Pocket definition 치수를 입력하고, OK 버튼을 클릭하여 최종 형상을 확인한다.

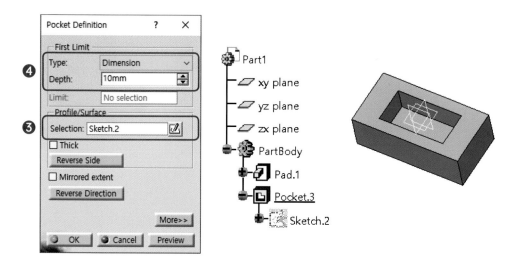

8. 돌출/빼기 깊이 옵션: Limiting Features

돌출(Pad)과 빼기(Pocket)에서 Feature의 특정 거리를 지정할 수 있는 몇 가지 옵션이 있으며, 명령어 화면창 Type에서 원하는 항목을 선택하여 정의하면 된다.

(1) Dimension: 스케치 단면에서 정의한 치수까지 돌출된 형상을 생성한다.

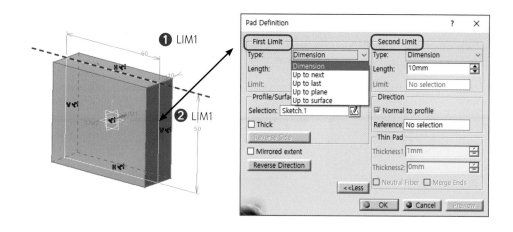

(2) Up to Next: 스케치 단면에서 돌출된 형상까지의 거리만큼 형상을 생성한다.

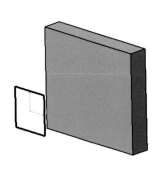

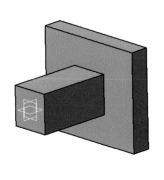

(3) Up to Last: 스케치 단면에서 돌출된 형상의 가장 끝에 있는 거리까지 형상을 생성한다.

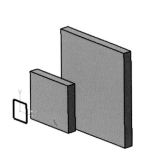

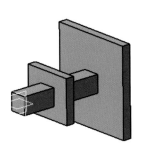

(4) Up to Plane: 스케치 단면에서 평면(Plane)이나 돌출 생성된 평면을 선택해서 원하는
거리만큼 형상을 생성한다.

평면 선택

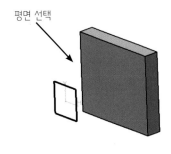

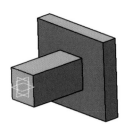

(5) Up to Surface: 스케치 단면에서 돌출 생성된 곡면까지 형상을 생성한다.

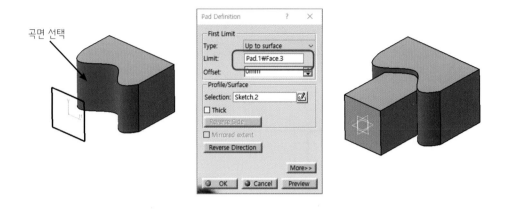

곡면 선택

9. 돌출/빼기 깊이 옵션: Mirrored Extent

스케치 단면을 기준으로 한쪽 방향으로 깊이를 정의하고, 다른 방향은 Mirrored Extent 옵션을 선택하면 대칭된 형상을 생성할 수 있다.

(1) 돌출(Pad) 형상을 생성하기 위해 스케치 단면을 생성한다.

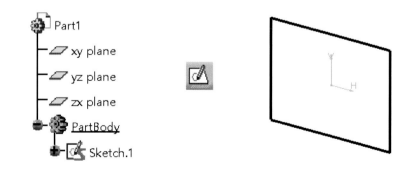

(2) 돌출(PAD) 아이콘을 선택한다.

(3) 화면창에 "Mirrored Extent"를 선택하면, 스케치 단면을 기준으로 대칭 형상으로 생성
할 수 있다.

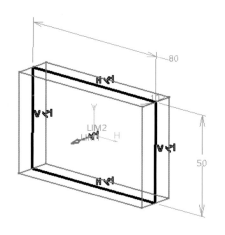

(4) OK 버튼을 클릭하고 최종 형상을 확인한다.

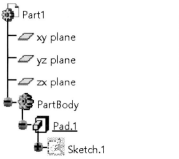

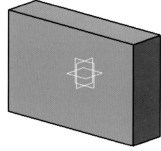

10. 돌출/빼기 깊이 옵션: Offset on Pad Limit

　　돌출(Pad) 아이콘을 사용하여 특정 깊이를 지정할 때, Up to Sufrace를 사용하여 형상을 생성할 수 있고 서피스면 선택할 때, 옵셋값(+/-)을 입력값을 정의할 수 있다.

❶ 돌출(PAD) 　 아이콘을 선택한다.

❷ 스케치 단면을 선택한다.

❸ First Limit 옵션 중에 Up to Surface를 선택한다.

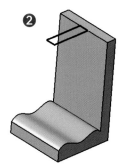

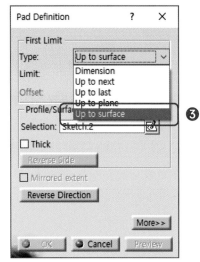

❹ 서피스 면을 선택한다.

❺ Offset란에 치수값을 입력하고 OK를 클릭한다.

❻ OK 버튼을 클릭하고 최종 형상을 확인한다.

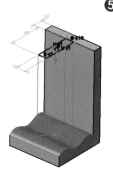

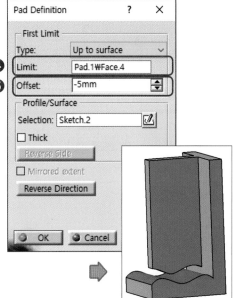

『네이버 카페 – CHAPER 3 기본 파트 디자인: STEP 02 | PAD/ POCKET』 – 예제 및 모델링 동영상 파일을 업로드하였다.

스케치 기반 피처:
회전체 돌출(Shaft)/회전체 빼기(Groove)

1. 회전체 돌출(Shaft) 명령어 소개

Sketch나 2D 단면(Profile)을 사용하여 축과 같은 회전체 형상을 만들 때 Shaft 명령어를 사용하여 형상을 생성할 수 있다.

회전체 돌출 (Shaft)은 축을 기준으로 2D 단면이 회전체로 형상을 생성한다.

✓ 스케치에는 기준이 되는 축과 단면이 반드시 있어야 한다.

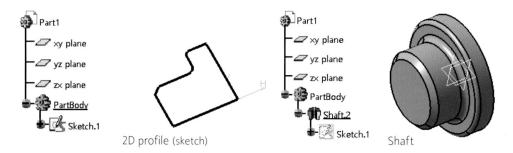

2D profile (sketch)   Shaft

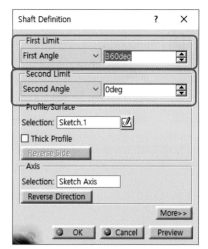

First Limits : First Angle
축을 기준으로 단면이 회전되는 각도를 말하며,
시계 방향으로 회전한다.

Second Limits : Second Angle
축을 기준으로 단면이 회전되는 각도를 말하며,
반시계 방향으로 회전한다.

2. 회전체 돌출(Shaft) 생성 방법

회전체 돌출(Shaft) 명령어를 사용하여 형상을 생성하는 순서는 아래와 같다.

❶ 스케치 단면을 생성한다.

❷ 회전체 돌출(Shaft) 아이콘을 선택한다.

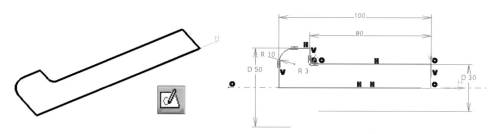

회전체 돌출 (Shaft)을 생성하기 위해서는
반드시 축(Axis)이 스케치에서 있어야 한다.

❸ 회전시킬 각도를 입력한다.

❹ OK 버튼을 클릭하고 최종 형상을 확인한다.

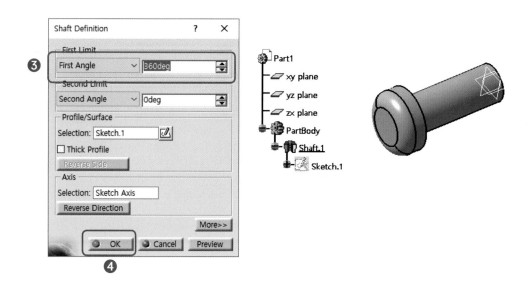

3. 회전체 돌출(Shaft): 3D Line Axis

회전체 돌출(Shaft) 형상을 생성할 때, 스케치 단면에 축(Axis)이 없을 경우 3D Line을 사용하여 회전체가 되는 형상의 축(Axis)를 선택할 수 있다.

❶ 회전체 돌출(Shaft) 아이콘을 선택한다.

❷ 스케치 단면을 선택한다.

❸ Shaft Definition창에 Axis를 선택한다.

❹ 회전이 되는 중심축이 될 수 있는 3d line을 선택한다.

❺ OK 버튼을 클릭하고 최종 형상을 확인한다.

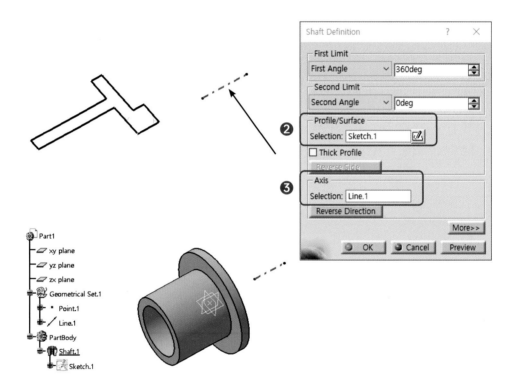

4. 회전체 돌출(Shaft): Open Profile

스케치를 열린 단면으로 생성했을 때 회전되는 돌출 방향을 정의해야 한다. 이때 Reverse Side 옵션을 사용하여 회전체 형상을 돌출하고자 하는 단면 방향을 선택할 수 있다.

❶ 회전체 돌출(Shaft) 📶 아이콘을 선택한다.

❷ 열린 스케치 단면을 선택한다.

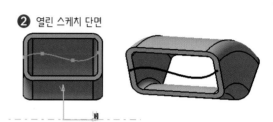
❷ 열린 스케치 단면

❸ 회전시킬 각도를 입력하고, Thick Profile을 활성화한다.

❹ Shaft Definition 창에서 More 버튼을 클릭한다.

❺ Thickness에 치수를 1mm 입력한다.

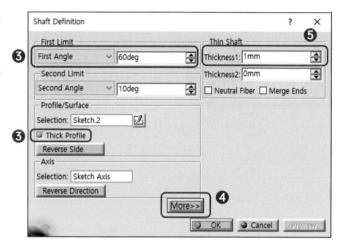

❻ 회전체 형상이 돌출되는 화살표 방향을 확인한다. 방향을 바꾸고 싶으면 MB1 버튼으로 화살표를 클릭한다.

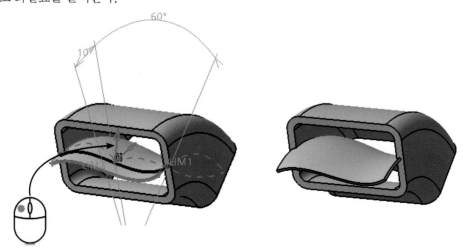

❼ OK 버튼을 클릭하고 최종 형상을 확인한다.

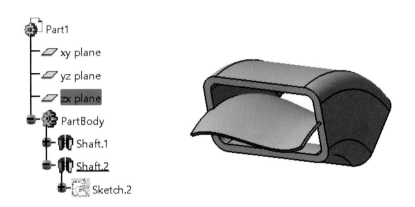

5. 회전체 돌출(Shaft): Axis

회전체 돌출 (Shaft)에서 생성될 수 있는 스케치 단면 및 축은 아래와 같다.

(1) 축(Axis)이 있고 스케치 단면이 닫힌 경우

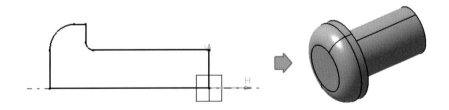

(2) 축(Axis)이 있고 스케치 단면이 열린 경우

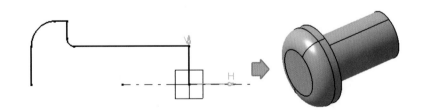

(3) 축(Axis)이 스케치 단면과 일정 거리만큼 간격이 있는 경우

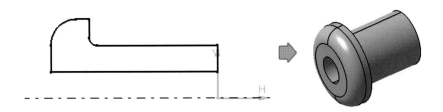

회전체 돌출 (Shaft)에서 생성되지 않고 에러가 발생하는 스케치 단면 및 축은 아래와 같다.

(1) 축(Axis)이 스케치 단면 안에 있는 경우

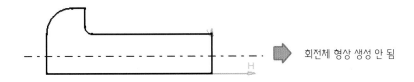

회전체 형상 생성 안 됨

(2) 축(Axis)과 열린 스케치 단면이 일치하지 않은 경우

회전체 형상 생성 안 됨

6. 회전체 돌출(Shaft): Sub-Part of a Sketch 선택

돌출(Pad)에서 설명한 sub-element of a sketch와 같이 회전체 돌출(Shaft)도 동일 스케치에 여러 개의 단면을 선택하여 형상을 생성할 수 있다.

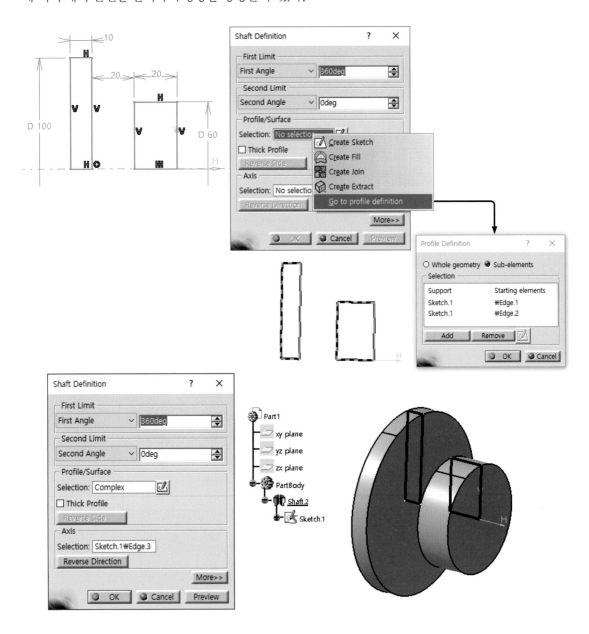

스케치 단면이 없을 경우, 회전체 돌출 (Shaft) 아이콘을 선택한 후 Sketcher 아이콘을 선택하여 단면을 생성한 후 회전체 형상을 만들 수 있다.

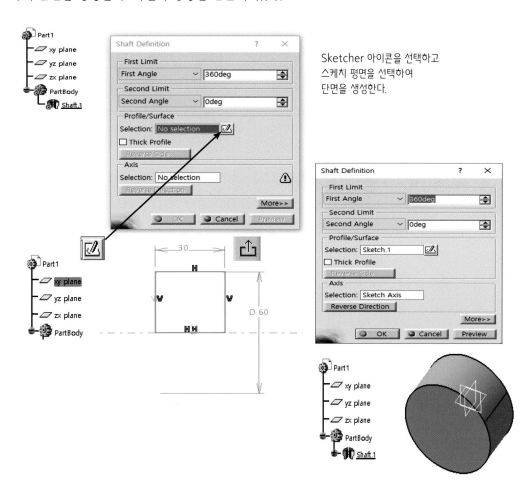

Sketcher 아이콘을 선택하고
스케치 평면을 선택하여
단면을 생성한다.

7. 회전체 빼기(Groove)

회전체 빼기(Groove)는 기존에 돌출된 형상에서 Sketch나 2D 단면(Profile)을 사용하여 회전체 형상을 삭제하는 명령어이다. 생성방법은 회전체 돌출(Shaft) 명령어와 동일하다.

Sketch-Based Features

『네이버 카페 – CHAPER 3 기본 파트 디자인: STEP 03 | SHAFT / GROOVE 』 – 예제 및 모델링 동영상 파일을 업로드하였다.

131

1. 구멍(Hole) 명령어 소개

구멍(Hole)은 생성된 형상위에 원하는 치수와 길이를 정의하여, 구멍 모양을 삭제하는 명령어이다.

| Blind Hole | Through Hole | Countersunk |

구멍(Hole) 명령어 대신에 빼기(Pocket) 기능을 사용하여 구멍 모양을 제거할 수도 있다. 구멍(Hole) 명령어를 사용할 때, 구멍 위치를 스케치하거나 생성된 형상에 구속 조건을 정의해서 다양한 구멍 타입으로 생성할 수 있고 스레드 및 탭 정보도 표현이 가능하다.

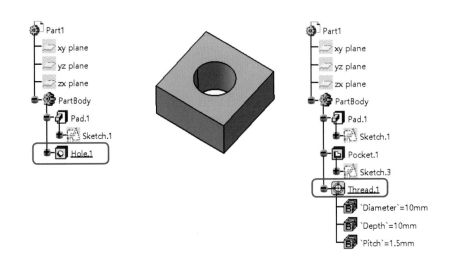

2. 구멍(Hole) 생성 방법

구멍(Hole) 명령어는 아래 두 가지 방법을 사용하여 지름 및 깊이 정보를 정의하여 생성할 수 있다.
    (1) 구멍의 중심점을 스케치하고 평면을 선택하여 생성하는 방법
    (2) 구멍의 중심점이 될 수 있는 기준 위치를 선택해서 생성하는 방법

3. 구멍(Hole)의 종류

구멍(Hole)의 종류는 Type 탭에서 선정할 수 있고 종류는 아래와 같다.

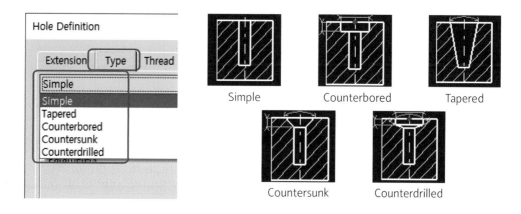

구멍(Hole)의 Extension 탭에서 선정할 수 있고 바닥 모양 종류는 아래 그림과 같다.

Flat bottom

V bott

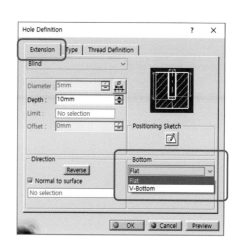

구멍(Hole)의 Thread Definition 탭에서 나사산 정보를 생성할 수 있다.

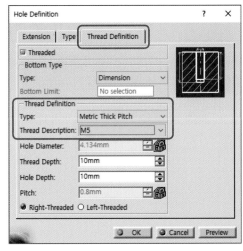

4. 구멍(Hole): Pre-defined references

Pre-defined references 옵션은 구멍의 중심점을 정의하기 위해 기존에 생성된 형상에 기준이 될 수 있는 지오메트리를 미리 선택해서 구멍의 중심점을 생성하는 방법이다.

❶ 생성된 형상에서 기준이 될 수 있는 선을 두 개 Ctrl + MB1 선택한다.

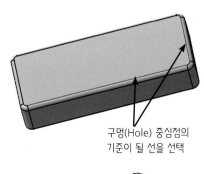

구멍(Hole) 중심점의
기준이 될 선을 선택

❷ 구멍(Hole)  아이콘을 선택한다.

❸ 구멍(Hole) 생성할 평면을 선택한다.

평면을 선택한다.

❹ Hole Definition 창에 홀 지름과 깊이를 입력한다.

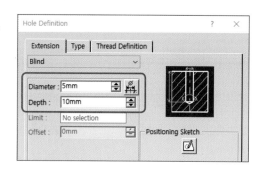

❺ 처음 선택한 두 개의 선에서 홀 중심 거리에 대한 치수를 입력하고 OK 버튼을 클릭하여
최종 형상을 확인한다.

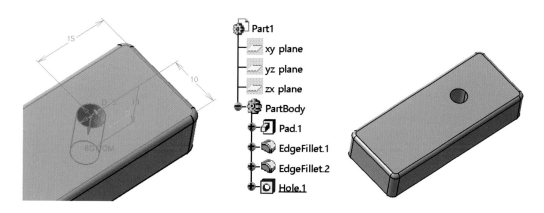

5. 구멍(Hole): Positioning a Hole

Positioning a Hole 옵션은 구멍의 중심점을 정의하기 위해 스케치 기준면을 선택하고, 구멍의 중심점을 스케치하여 생성한다.

❶ 구멍(Hole) 아이콘을 선택한다.
❷ 구멍(Hole) 중심점을 정의할 스케치 기준면이 될
평면을 선택한다.

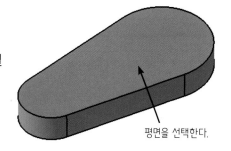

평면을 선택한다.

❸ Positioning Sketch 아이콘을 클릭한 후 스케치 워크벤치에서 구멍의 중심점을 지오메
트리 및 치수 조건을 부여하여 스케치한다.

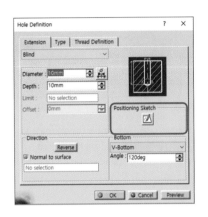

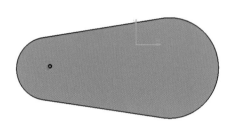

❹ Hole Definition 창에 지름 치수 10mm를 입력한다.

❺ Limit 옵션 중에 Up to-Plane을 선택하고 Limit 항목에서 평면을 선택한다.

❻ Offset 항목에 -5mm 입력한다.

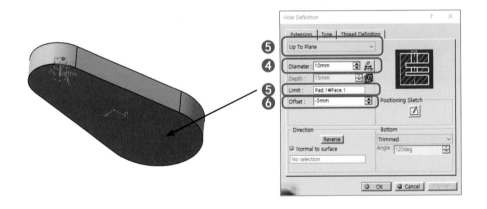

❼ OK 버튼을 클릭하고 최종 형상을 확인한다.

6. 구멍(Hole): Standard Thread Definition

나사(Thread)를 표현하기 위해서는 Catia 프로그램에 있는 표준 나사 설계 테이블 (Standard Thread design table)에 있는 데이터로 정의하여 생성할 수 있다.

❶ 구멍(Hole) 아이콘을 선택한다.

❷ 홀을 생성할 면(face)을 선택한다.

평면을 선택한다.

❸ Positioning Sketch 아이콘을 클릭한 후 스케치 워크 벤치에서 구멍의 중심점이 될 위치를 스케치한다.

❹ Bottom 항목란에서 V-Bottom을 선택한다.

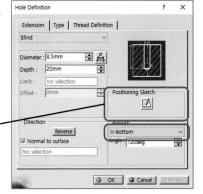

❺ Tread Definition 탭으로 이동하여 Threaded를 활성화한다.

❻ Metric Thick Pitch type을 선택한다.

❼ Thread Diameter 항목에서 M10을 선택한다.

❽ 홀 깊이는 10mm를 입력한다.

❾ 나사 깊이(Thread Depth)는 15mm를 입력한다.

❿ OK 버튼을 클릭하고 최종 형상을 확인한다.

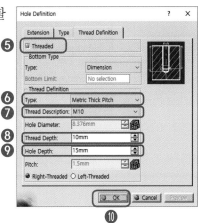

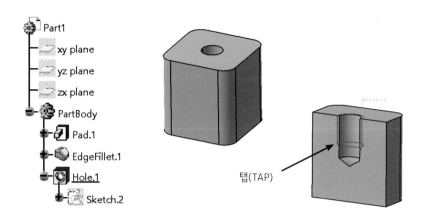

탭(TAP)

7. 구멍(Hole): Thread Parameters

표준 나사 설계 테이블(Standard Thread design table)에 있는 나사를 선택하면 Hole Diameters, Pitch 정보는 자동 계산되어 생성된다. 나사(Thread) 깊이와 구멍(Hole) 깊이 치수를 입력하면 나사산 정보가 표현된다.

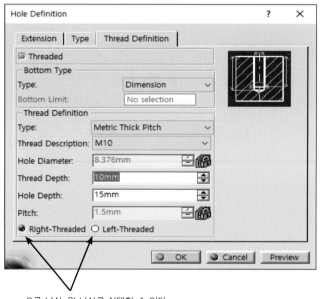

오른 나사, 왼 나사를 선택할 수 있다.

선택한 평면(face)의 수직 방향으로 홀을 생성하지 않고 사용자가 원하는 방향으로 생성하려면, 지정된 축(Axis)을 선택하면, 선택한 방향으로 구멍 (Hole)이 생성된다.

구멍 방향과 축이 수직 방향으로 생성

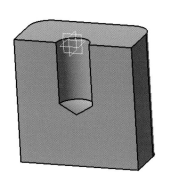
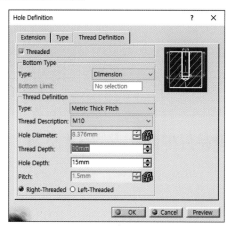

지정된 축(Axis) 방향으로 구멍(Hole)이 생성

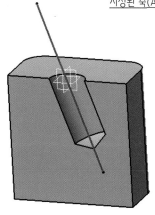
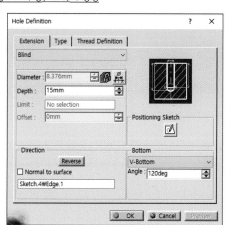

『네이버 카페 - CHAPER 3 기본 파트 디자인 : STEP 04 | HOLE』 - 예제 및 모델링 동영상 파일을 업로드하였다.

1. 라운드(Fillet) 명령어 소개

라운드는 면과 면이 만나는 모서리에 라운드 값을 입력하여 부드럽게 (Tangent) 처리하는 명령어이며, 다양한 Fillet 종류와 생성 방법이 있다.

(1) Fillet의 종류

✓ Edge fillets: 두 면(face)과 만나는 부분의 모서리를 부드럽게 표현한다.

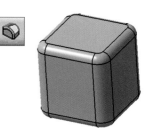

✓ Variable radius Fillets: 곡면으로 된 면을 다양한 반경값을 입력하여 가변형상의 라운드를 표현할 때 사용한다.

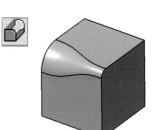

✓ Face-Face Fillets: 곡면과 곡면이에 교차점이 없거나, 선택된 곡면이에 두의 날카로운 엣지로 표현될 때 주로 사용된다.

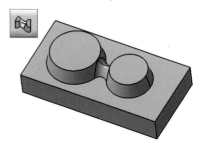

✓ Tritangent fillets: 3개의 면(face)이 있는 경우 1개의 면 을 제거하여 라운드를 생성한다.

(2) 모서리(Edge) 선택 방법

✓ 생성된 모델에서 각각의 엣지를 하나씩 선택 할 수 있다.

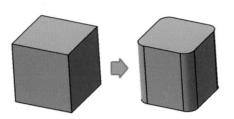

✓ 생성된 모델에서 서피스를 선택하면 연결된 엣지가 모두 선택된다.

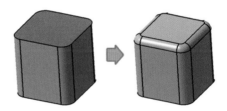

(3) 라운드(Fillet) 선택 방법

✓ With the Tangency mode 선택한 모서리나 엣지가 Tanget하게 연속적으로 면으로 연결 되어 있으면 라운드(Fillet)가 전부 반영된다.

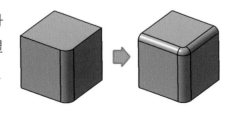

✓ With the Minimal mode 선택된 모서리에만 라운드(Fillet)가 적용된다.

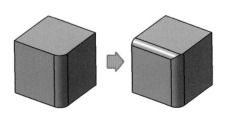

2. 라운드(Edge Fillet) 생성 방법

라운드를 생성하기 위해서는 교차되는 라인/모서리(edge)를 선택하고, 라운드 반경값을 입력한다.

❶ Edge Fillet 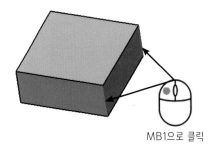 아이콘을 선택한다.

❷ 엣지를 선택하고 반경값을 입력한다.

MB1으로 클릭

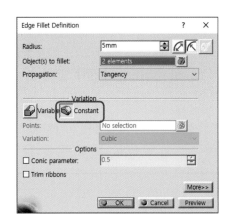

❸ OK 버튼을 클릭하고 최종 형상을 확인한다.

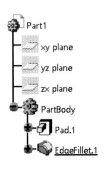

3. 라운드(Fillet): Variable Radius Fillet

라운드 옵션 명령어 가변으로 반경값을 정의하여 모서리를 부드럽게 생성할 수 있고 생성
방법은 아래와 같다.

❶ Edge Fillet 아이콘을 클릭한다.

❷ Variation 항목에서 Variabe Fillets 아이콘을 선택한다.

❸ 라운드를 생성할 엣지를 선택한다.

❹ 엣지로 생성된 모서리에 있는 두 개의 점을 더블클릭하여 반경 치수를 수정한다.

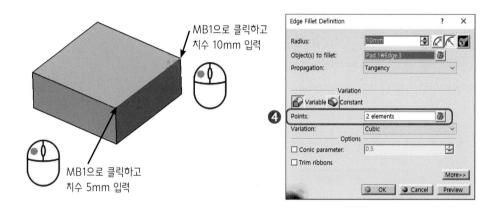

❺ OK 버튼을 클릭하고 최종 형상을 확인한다.

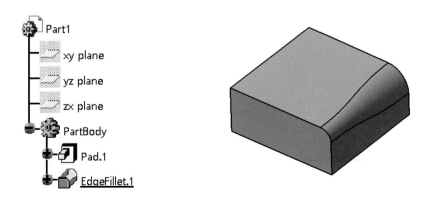

4. 라운드(Fillet): Rolling on an Edge

❶ Edge Fillet 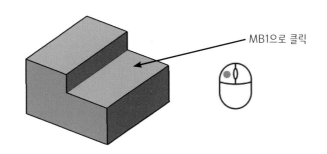 아이콘을 클릭한다.

MB1으로 클릭

❷ Edge Fillet 창에 more 버튼을 클릭하고, Edge(s) to keep을 선택한다.

❸ 라운드가 연결될 수 있게 핑크색 엣지를 선택한다.

❹ 라운드 반경값을 20mm 입력한다.

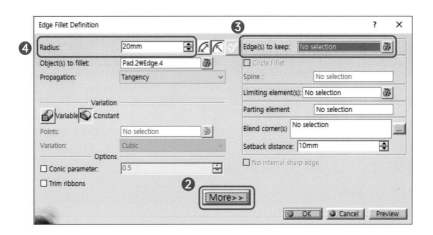

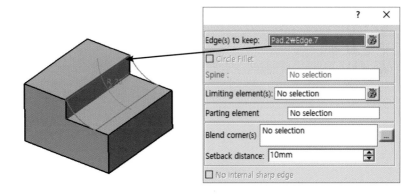

❺ OK 버튼을 클릭하고 최종 형상을 확인한다.

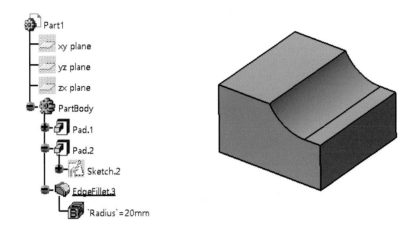

5. 라운드(Fillet): Rolling around an Edge

❶ Edge Fillett 아이콘을 클릭하고, 엣지를 선택한다.

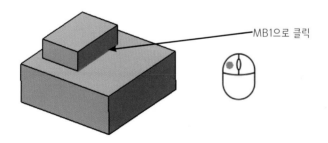

MB1으로 클릭

❷ Edge Fillet 창에 more 버튼을 클릭하고, Edge(s) to keep을 선택한다.

❸ 라운드가 전부 연결될 수 있게 핑크색 엣지를 선택한다.

❹ 라운드 반경값을 5mm 입력한다.

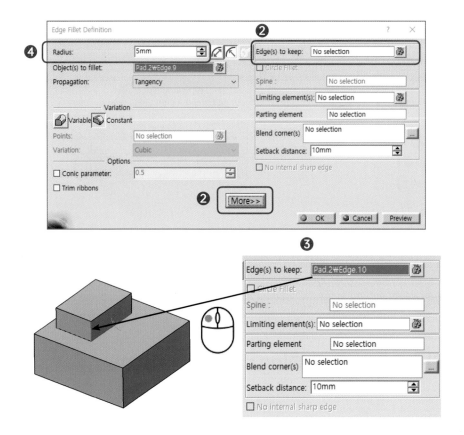

❺ OK 버튼을 클릭하고 최종 형상을 확인한다.

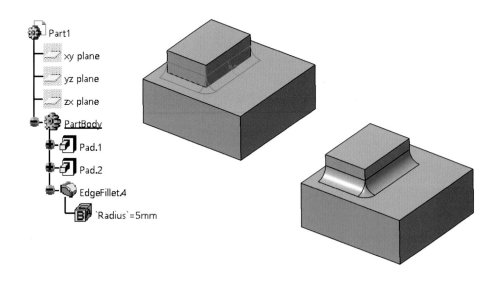

6. 라운드(Fillet): Limiting Element

라운드는 생성할 때 평면(plane), 면(face), 서피스(surface)를 지정하여 선택 영역까지 라운드를 표현할 수 있다.

❶ Edge Fillet 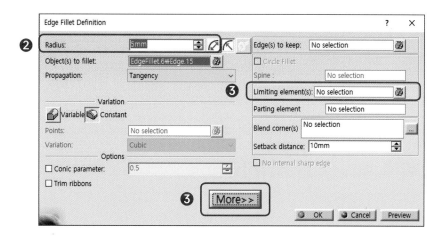 아이콘을 클릭하고, 엣지를 선택한다.
❷ 라운드 반경값을 5mm 입력한다.
❸ 라운드를 지정할 면을 선택한다.

❹ MB1으로 화살표를 클릭하여 방향을 지정한다.

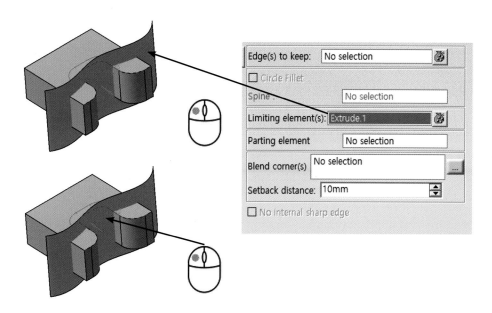

❺ OK 버튼을 클릭하고 최종 형상을 확인한다

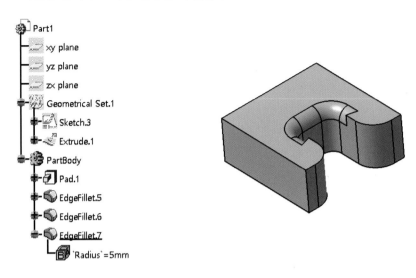

7. 라운드(Fillet): Trim Ribbons

모서리나 엣지를 선택해서 라운드를 생성할 때 간격이 가까우면 라운드가 겹치면서 에러가 발생한다. 이때 Trim Ribbons 옵션을 사용하면 에러 없이 라운드를 생성할 수 있다.

❶ Edge Fillet 아이콘을 클릭하고, 엣지를 선택한다.

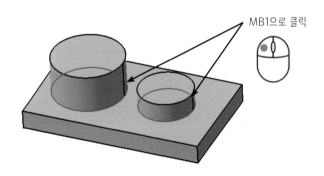

❷ 라운드 반경값을 입력하고, Trim Ribbons을 선택한다.

❸ OK 버튼을 클릭하고 최종 형상을 확인한다.

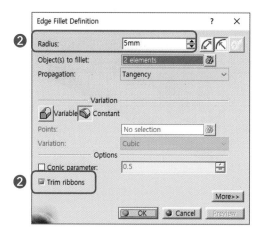

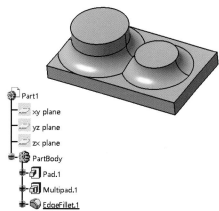

8. 라운드(Fillet): Face-Face Fillet

Face-Face Fillet은 생성된 모시레어 교차되는 엣지가 없을 때 사용하는 명령어로 두 개의 면이나 곡면을 선택하면 라운드가 반영되어 생성된다.

❶ Face-Face Fillets 아이콘을 클릭하고, 두 개의 곡면을 선택한다.

❷ 라운드 반경값을 입력한다.

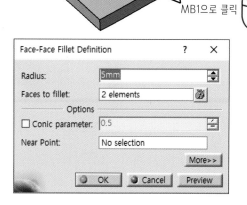

MB1으로 클릭

❸ OK 버튼을 클릭하고 최종 형상을 확인한다.

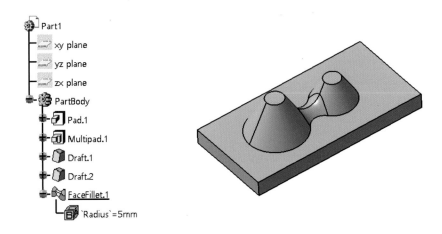

9. 라운드(Fillet): Tritangent Fillet

Tritangent Fillet은 두 개의 면을 선택하고 라운드로 표현할 면을 선택하면 선택된 면이 제거되면서 라운드가 자동 생성된다.

❶ Tritangent Fillets 아이콘을 클릭한다.
❷ 라운드를 표현할 두 개의 면을 선택한다.

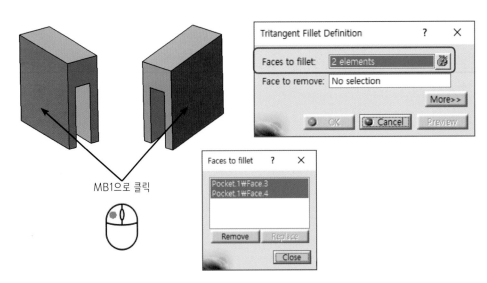

❸ 라운드로 표현하기 위해 제거할 면을 선택한다. 선택된 면은 빨간색으로 표시된다.

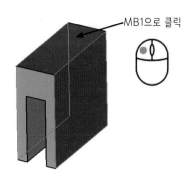

MB1으로 클릭

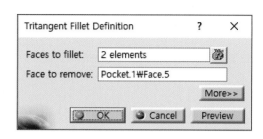

❹ OK 버튼을 클릭하고 최종 형상을 확인한다.

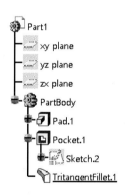

10. 모따기(Chamfer) 소개

모따기(Chamfer)는 면과 면이 만나는 엣지를 경사진 모서리로 생성하는 명령어이며, 모서리를 선택하는 방법은 엣지나 서피스를 선택할 수 있다.

(1) 생성된 모델에서 각각의 엣지를 하나씩 선택할
    수 있다.

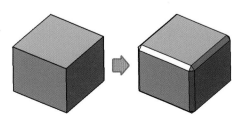

(2) 생성된 모델에서 서피스를 선택하면 연결된 엣
지가 모두 선택된다.

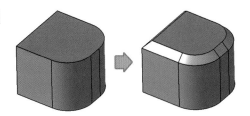

모따기(Chamfer) 선택 방법은 2가지가 있다.

(1) With the Tangency mode: 선택한 모서리나 엣
지가 Tanget하게 연속적으로 면으로 연결되어
있으면 모따기(Chamfer)가 전부 반영된다.

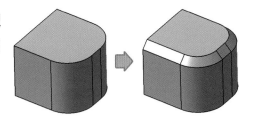

(2) With the Minimal mode: 선택된 모서리에만
모따기(Chamfer)가 적용된다.

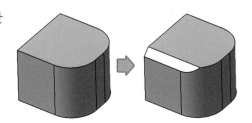

11. 모따기(Chamfer) 생성 방법

모따기(Chamfer)를 생성할 때 치수를 부여하는 조건은 두 가지 방법이 있다.

(1) Length1/Angle
길이는 선택된 엣지에서 경사진 각도의 거리를
말한다.
각도는 Length1의 치수를 말한다.

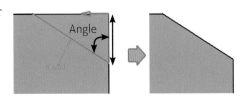

(2) Length1/ Length2

두 개의 선에 길이를 정하면 모따기 경사면이 자동
생성된다.

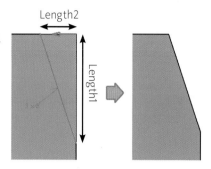

모따기(Chamfer)는 두 개의 면 사이에 있는 엣지를
선택하면 경사진 모서리로 생성된다. 모따기는 하나의
엣지나 다수의 엣지를 선택하여 표현할 수 있다.

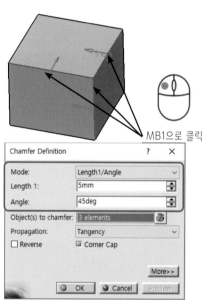

❶ 모따기(Chamfer) 아이콘을 클릭한다.

❷ 모따기를 생성할 엣지를 선택한다.

❸ 길이와 각도를 입력한다. 필요 시 길이와 각도 방
  향을 Reverse 버튼을 클릭하면 방향을 변경할 수
  있다.

❹ OK 버튼을 클릭하고 최종 형상을 확인한다.

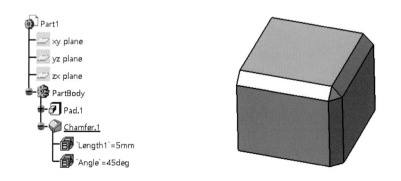

『네이버 카페 – CHAPER 3 기본 파트 디자인: STEP 05 Fillet / Chamfer』 – 예제 및 모델링
동영상 파일을 업로드하였다.

드레스-업 피처:
쉘(Shell)

1. 쉘(Shell) 명령어 소개

쉘(Sheel)은 솔리드 지오메트리에서 일정한 두께를 가지는 껍데기와 같은 형상을 생성하는 명령어이다.

✓ 쉘(Sheel)은 바깥쪽 두께로 형상을 기본적으로 생성한다.
✓ 쉘(Sheel)은 각각의 면에 다른 두께를 입력하여 생성할 수 있다.

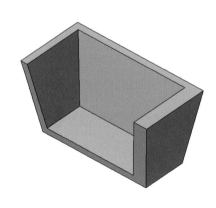

제거할 면   다른 두께 적용

2. 쉘(Shell) 명령어 순서

솔리드 형상에서 쉘(Sheel) 명령어를 사용할 경우, 설계 트리에서 쉘의 위치하는 순서가 중요하다. 쉘(Sheel) 명령어는 솔리드 지오메트리를 속이 빈 형태의 일정한 두께로 생성하는 명령어로 피처 순서에 따라 쉘 명령어를 적용될 수 있어 피처 명령어 순서를 고려해서 모델링을 해야 한다.

(1) 사각형 돌출 형상에서 빼기(Pocket) 명령어를 사용하여 구멍을 제거한 다음 쉘 명령어를 적용하면 구멍은 파이프 형상으로 생성된다.

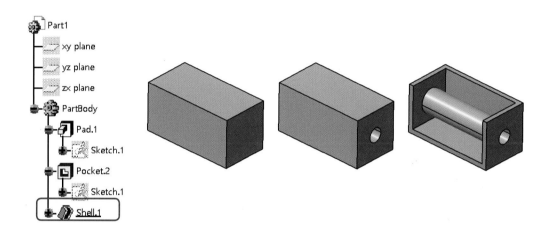

(2) 사각형 돌출 형상에서 쉘을 적용한 다음, 빼기(Pocket) 명령어 적용하면 홀 형상으로 삭제된다.

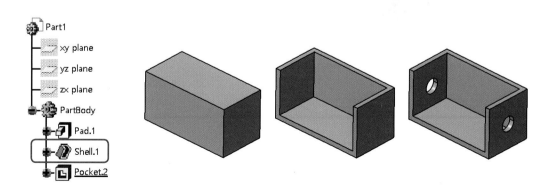

3. 쉘(Shell) 명령어 생성 방법

솔리드 형상에서 쉘(Sheel) 명령어를 적용하면 일정한 두께를 가지는 형상으로 생성되며, 방법은 아래와 같다.

❶ 쉘(Shell) 아이콘을 클릭한다.

❷ 쉘(Shell) 명령어를 적용하려면, 먼저 제거할 면을 선택한다. 선택된 면은 빨간색으로 표시된다.

❸ 두께를 입력한다.

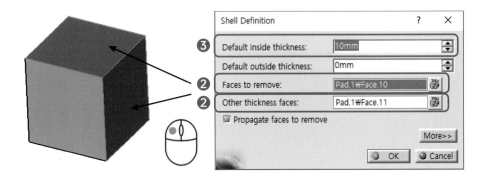

❹ 돌출된 형상에서 다른 두께를 입력하려면 MB1 버튼으로 적용할 면을 선택하고, Default inside thickness의 치수를 입력한다. 선택한 면은 주황색으로 표시된다.

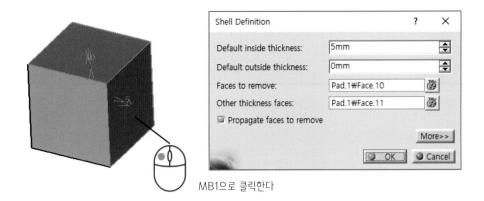

MB1으로 클릭한다

❺ 두께를 수정하려면 해당되는 면을 MB1 버튼으로 치수를 더블클릭하면 수정할 수 있다.

❻ OK 버튼을 클릭하고 최종 형상을 확인한다.

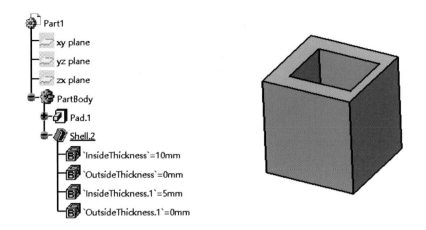

4. 쉘(Shell): Thickness inside & outside

쉘(Shell)은 돌출된 형상에서 제거할 면을 선택하고 두께를 정의하면, 조개껍데기와 같이 한쪽 방향으로 일정한 두께를 가지는 형상이 생성된다. 이때 두께 방향을 바깥쪽이나 안쪽으로 선택할 수 있다.

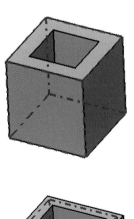

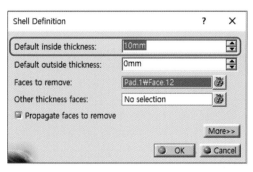

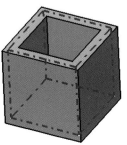

쎌(Shell) 두께가 라운드 또는 커브 곡률보다 큰 경우 안쪽 형상은 엣지로 표현되어 생성된다.

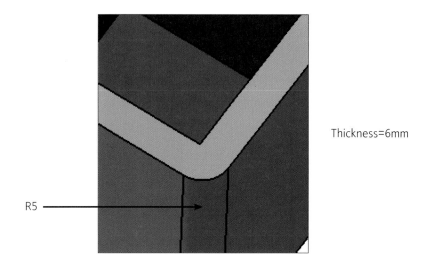

Thickness=6mm

R5

『네이버 카페 – CHAPER 3 기본 파트 디자인 : STEP 06 ㅣ Shell』 – 예제 및 모델링 동영상 파일을 업로드하였다.

STEP 07 드레스-업 피처: 구배(Draft)

1. 구배(Draft) 명령어 소개

구배(Drat)는 금형에서 제품을 쉽게 추출하기 위해 솔리드 형상에서 선택한 면(face)에 각도를 정의하는 명령어이다. 솔리드 형상에서 구배 각도를 적용하면, 면이 커지거나 작아지는 형상을 확인할 수 있다. 구배 방향은 모델링된 파트에서 정의한 조건에 따라 결정되며, 구배 각도를 적용한 모델링된 형상은 금형에서 쉽게 추출할 수 있다.

구배(Draft) 명령어는 3가지 타입으로 구성되어 있다.

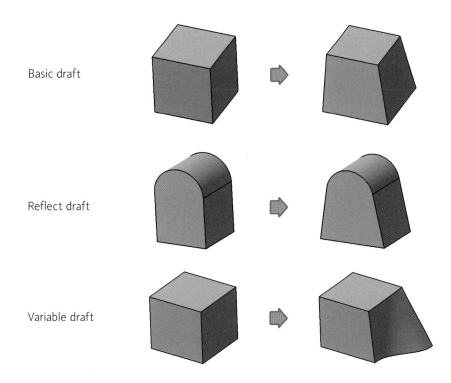

Basic draft

Reflect draft

Variable draft

ㄹ. 구배(Draft) 용어 정의

구배(Draft) 명령어를 생성할 때 사용하는 용어를 아래와 같이 정리를 하였다.

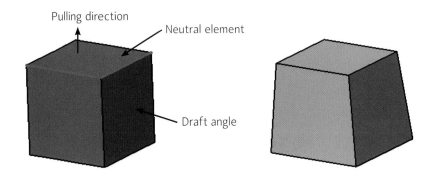

✓ Pulling direction: 구배가 적용될 면(face)으로부터 기준이 되는 방향이다.

✓ Draft angle: 중립이 되는 면(neutral element)으로부터 기준 축 (pulling direction) 방향으로 선택된 면에 적용되는 구배 각도를 말한다. 이 각도는 각각의 면에 독립적으로 정의할 수 있다.

✓ Neutral element: 구배가 적용된 면에 중립된 곡선(Neutral curve)으로 표현되며, 구배가 적용될 때 지오메트리가 변경되지 않는다. 파팅라인(Parting elment)으로 정의하며 Plane, face, suface를 선택할 수 있다. Neutral element를 기준으로 2분할되어 구배 각도를 정의한다.

3. 구배(Draft) 생성 방법

구배를 적용할 면과 중립면(neutral element)을 선택하고 구배 각도를 정의하면 구배(Draft) 명령어를 생성할 수 있다.

❶ 구배 (Draft) 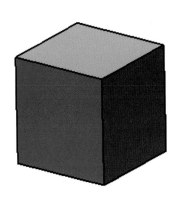 아이콘을 선택한다.

❷ 구배를 적용할 면을 MB1 버튼으로 선택하고, 각도를 입력한다.

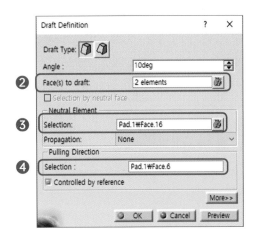

❸ Neutral Element를 적용할 면을 선택한다.

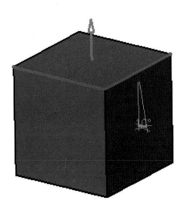

Neutral Element 파란색으로 표시되고
neutral curve는 핑크색으로 나타난다.
구배가 적용된 면은 빨간색으로 표현된다.

Neutral Element는 구배 각도가 적용돼도
지오메트리가 변경되지 않는다.

❹ Pulling Directions을 선택하고, Neutral Element와 동일한 면을 선택한다.

❺ OK 버튼을 클릭하고 최종 형상을 확인한다.

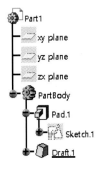

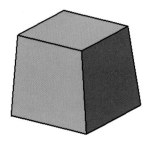

161

4. 구배(Draft): Neutral Multi-Faces

구배(Draft)는 생성할 때, 중립면 (neutral element)을 여러 개의 면을 선택하여 정의를 할 수 있다. 구배 방향 (pulling direction)은 첫 번째 선택 면에 의해 결정된다.

❶ 구배(Draft) 아이콘을 선택한다.

❷ 구배를 적용할 면을 MB1 버튼으로 다중 선택하고, 구배 각도를 입력한다.

❸ Neutral Element에서 파란색으로 표시된 면을 MB1 버튼으로 선택한다.

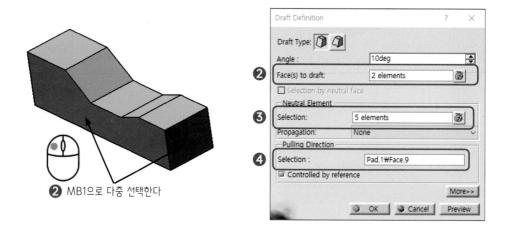

❷ MB1으로 다중 선택한다

❹ Pulling Directions 항목에서 MB1 버튼으로 구배 방향과 수직한 면을 클릭한다.

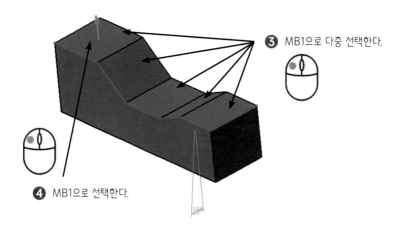

❸ MB1으로 다중 선택한다.

❹ MB1으로 선택한다.

❺ OK 버튼을 클릭하고, 최종 형상을 확인한다.

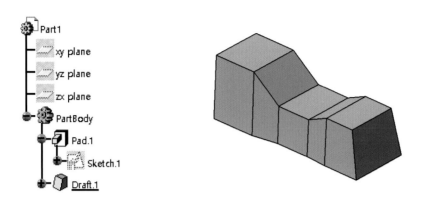

5. 구배(Draft): Parting = Neutral

모델링된 형상을 금형 분할면(parting element)을 기준으로 구배 각도를 정의하려면, 분할면과 중립면(neutral element)을 동일하게 선택하여 2분할할 수 있다.

❶ 구배(Draft) 아이콘을 선택한다.

❷ 구배를 적용할 면을 MB1 버튼으로 다중 선택하고, 구배 각도를 입력한다.

❸ Neutral Element에서 파란색으로 표시된 면을 MB1 버튼으로 클릭한다.

❹ Pulling Directions 항목에서 구배면과 직각면은 XY 평면을 클릭한다.

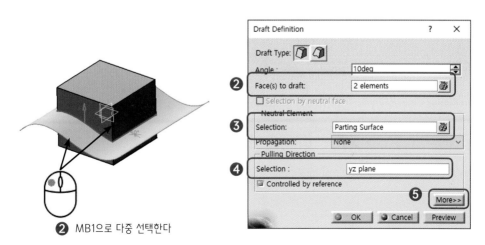

❷ MB1으로 다중 선택한다

❺ Draft Definition 창에 More 버튼을 클릭하고, Parting = Neutral 옵션을 선택한다.

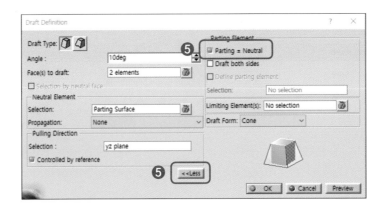

❻ Parting = Neutral면을 기준으로 2분할된 형상
   을 확인할 수 있다.

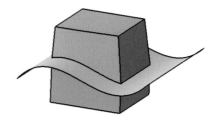

6. 구배(Draft): Parting Element

분할면(Parting element)은 평면(plane), 평면(face), 곡면(surface)을 선택할 수 있다.

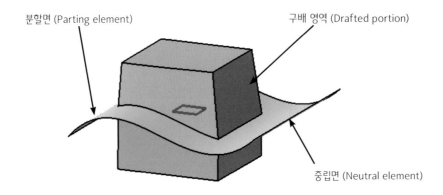

7. 구배(Draft): 디자인 변경

돌출(Pad)된 형상에 구배(Draft)를 생성한 후 스케치 단면을 수정하면, 구배가 적용되지 않은 면이 생성된다. 이때 구배를 적용할 면을 다시 선택해 구배 적용면을 수정할 수 있다.

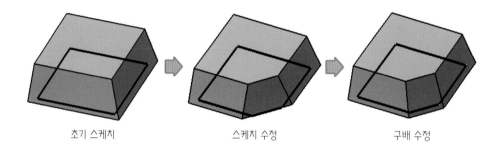

초기 스케치   스케치 수정   구배 수정

8. 반사 구배(Reflect Draft)

반사 구배(Reflect Draft)는 원통 형상의 서피스에 적용할 때 사용하는 명령어이다. 생성할 구배 방향을 지정하고 서피스를 선택하면 반사선 방향으로 구배가 생성된다.

❶ 반사 구배(Reflect Draft) 아이콘을 선택한다.

❷ 구배를 적용할 면을 선택하고 구배 각도는 5도를 입력한다.

❸ Pulling Direction 항목에서 구배 방향을 지정할 기준면 XY 평면을 선택한다.

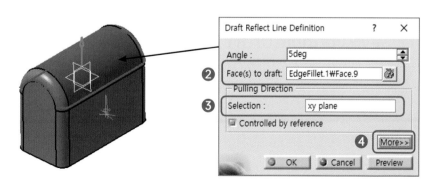

❹ 화면창에서 More 버튼을 클릭하고, Parting Element 항목에서 Define parting element 를 선택하고 화살표로 표시된 서피스를 선택한다.

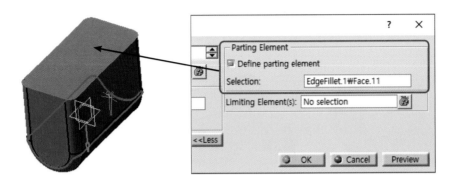

❺ OK 버튼을 클릭하고 최종 형상을 확인한다.

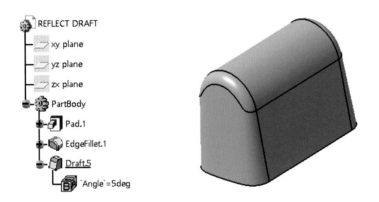

9. 가변 구배(Variable Draft Angle)

가변 구배(Variable Draft Angle)는 금형에서 제품을 쉽게 추출하기 위해 구배를 적용할 면에 여러 개의 각도를 정의하여 형상을 생성하는 명령어이다.

❶ 구배(Draft) 아이콘을 선택한다.
❷ Variable 아이콘을 선택한다.

❸ 구배를 적용한 면(face)을 선택한다.

❹ Neutral Element Selection을 선택하고 MB1 버튼으로 면(face)를 클릭한다.

❺ Pulling Direction - Selection 항목에서 화살표로 표기한 면(face)를 선택한다.

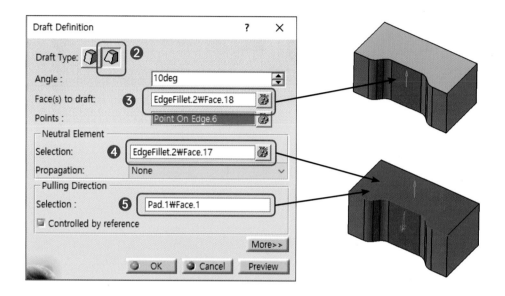

❻ Points field 항목에서 생성된 파트의 교차점을 클릭한다.

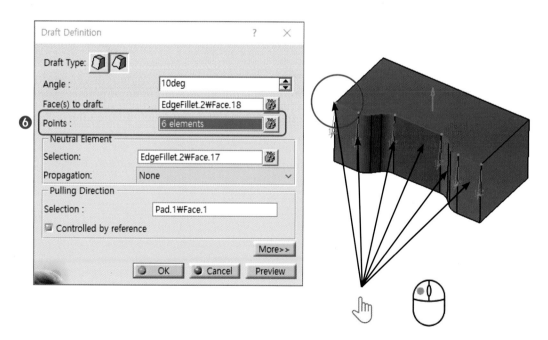

❼ MB1 버튼으로 교차점을 더블클릭하면 구배 각도를 수정할 수 있다.

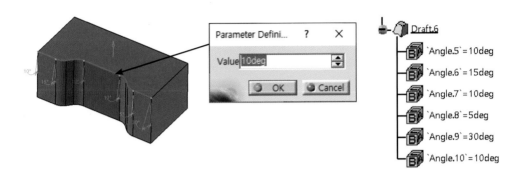

❽ OK 버튼을 클릭하고 최종 형상을 확인한다.

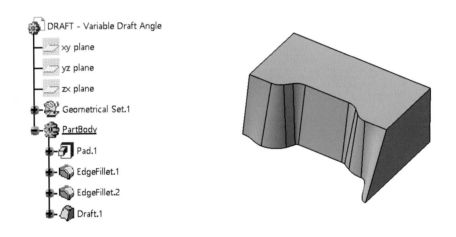

『네이버 카페 – CHAPER 3 기본 파트 디자인: STEP 07 | Draft』 – 예제 및 모델링 동영상 파일을 업로드하였다.

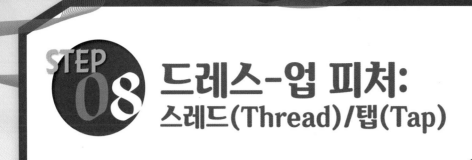

STEP 08 드레스-업 피처:
스레드(Thread)/탭(Tap)

1. 스레드(Thread)/탭(Tap) 명령어 소개

CATIA 프로그램은 3D 모델링된 형상에 스레드나 탭에 생성된 정보만 저장하고 형상을 생성하여 표현하지 않는다. 3D상에 결과로써만 표현되며 2D 도면 생성 시 스레드/탭(Thread/Tap) 정보가 표시된다.

✓ Thread: 볼트에 같이 나선형의 홈을 안쪽 형상에 생성하는 걸 말하며, CATIA 프로그램은 나선형의 홈은 표현하지 않고 정보만 표시한다.

✓ Tap: 너트와 같이 나선형의 홈을 안쪽 형상에 생성하는 걸 말하며, CATIA 프로그램은 나선형의 홈은 표현하지 않고 정보만 표시한다.

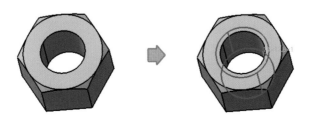

169

2. 스레드(Thread)/탭(Tap) 생성 방법

드레스-업 피처 툴마에서 스레드/탭(Thread/Tap) 명령
어가 있다.

❶ 스레드/탭(Thread/Tap)  아이콘을 클릭한다.

❷ 스레드 홈을 표현할 측면(Lateral face)를 선택한다.

❸ 스레드가 깊이 방향의 기준면을 선택한다.

❹ 스레드 표준을 정의하기 위해, Metric Thin Pitch을 선택한다.

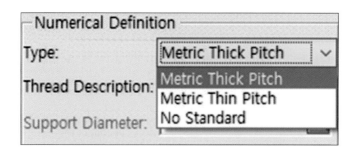

❺ Thread Diameter 항목에서 M10을 선택한다.

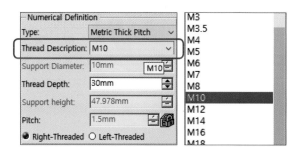

❻ Thread Depth 깊이 치수를 입력한다.

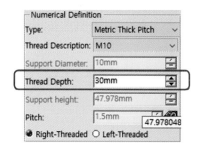

❼ OK 버튼을 클릭하고, 최종 형상을 확인한다.

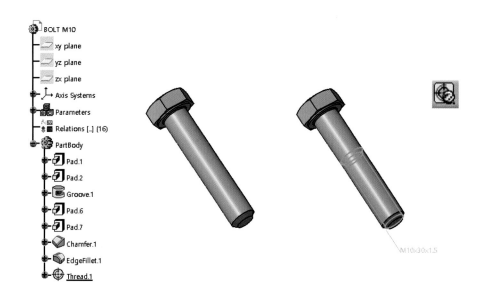

『네이버 카페 – CHAPER 3 기본 파트 디자인 : STEP 08 | Thread / Tap』 – 예제 및 모델링 동영상 파일을 업로드하였다.

파트 디자인(Part Design) 수정하기

1. 스케치 단면(Sketch Profile) 수정 방법

2D sketch에서 치수 및 단면을 수정하면 3D형상이 변경된다. 피처를 정의하는 스케치를 변경하면, 피처와 연관된 모든 명령어가 수정된다.

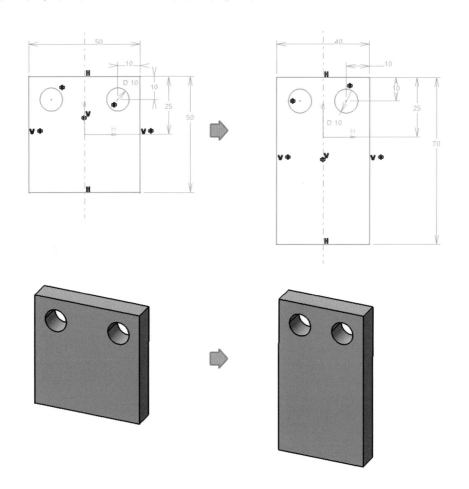

Sketch-based features 명령어는 2D sketch 단면 형상에 따라 생성된다. 파트 모델링의 경우 적절한 구속 조건을 정의하여 설계 변경하기 쉽게 단면을 구성해야 한다.

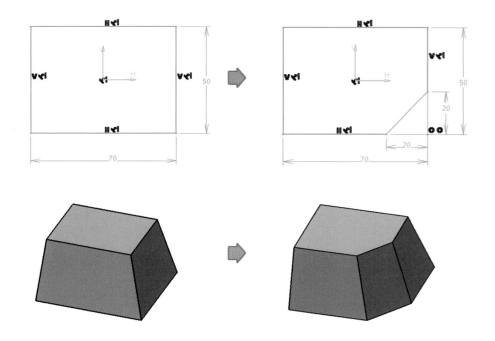

2D Sketch를 변경하면 구속 조건 및 치수로 연관되어 있어 Sketch-based features가 수정되어 3D 모델이 생성된다.

2. 스케치 단면(Sketch Profile): 치수 수정하기

스케치에서 단면 크기 및 사이즈 수정하는 방법은 아래와 같다.

❶ 스케치 단면을 생성한 후 수정하고자 하는 위치에 화살표로 표기된 선을 MB1 버튼으로 클릭한 다음 드래그하여 원하는 위치로 이동시킨다.

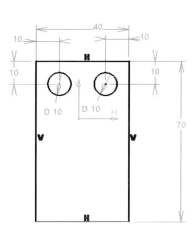

✓ 위치를 이동시킨 지오메트리는 치수 및 구속 조건에 따라 단면 크기 및 사이즈가 변경된다. 지오메트리가 검은색으로 표현된 부분은 치수 및 구속 조건이 완전히 정의되지 않은 상태이고, 녹색으로 표현된 부분은 치수 및 구속 조건이 완전한 스케치로 구성된 걸 말한다.

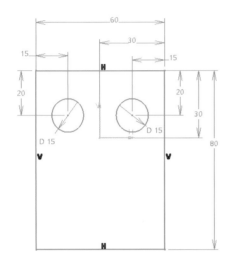
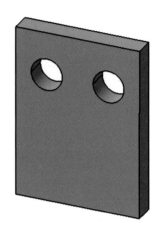

3. 스케치 단면(Sketch Profile): 지오메트리 삭제하기

2D sketch에서 지오메트리를 삭제하는 방법은 아래와 같다.

(1) 스케치 단면에서 지오메트리를 삭제하려면, Ctrl키를 누른상태에서 MB1으로 클릭하여 엘리먼트를 다중 선택한다.

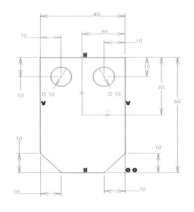
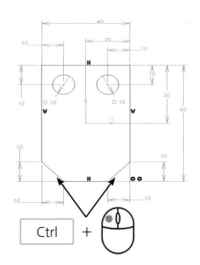

(2) 지오메트리를 삭제하는 방법은 3가지가 있다.

　　① Edit-〉 Delete

　　② MB3 버튼을 클릭하면 contextual menu에서 Dlecte로 삭제

　　③ 키보드에 있는 Del로 삭제

(3) Update된 Part를 확인할 수 있다.

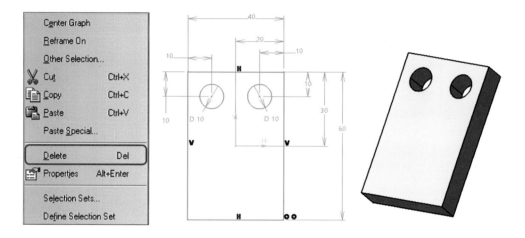

　　2D 스케치에서 여러 개의 지오메트리를 한 번에 삭제할 수 있는데, MB1 버튼을 클릭한 상태에서 드래그하여 선택한다. 키보드에 있는 Del키를 누르면 모두 삭제된다.

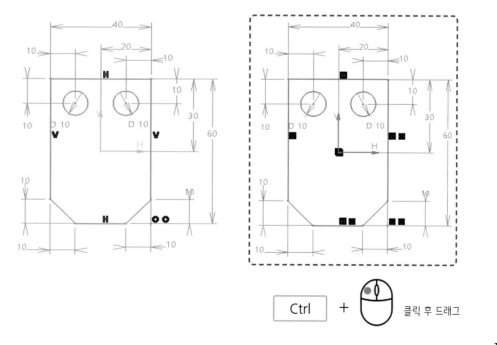

4. 피처 재정렬(Feature Reorder)

파트 디자인에서 생성한 Feature를 재정렬하는 이유는 설계변경 및 Feature를 재사용하기
위해서다. 설계 트리에서 Feature 순서를 재정렬하는 방법은 아래와 같다.

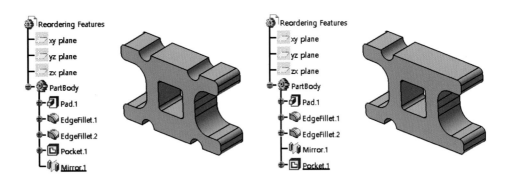

(1) 설계 트리에서 Feature 순서를 변경하고자 하는 곳에 MB3
버튼을 클릭하여 Reorder 명령어를 선택한다.

(2) 재정렬할 Feature 여기서는 Pocket.1을 클릭하고 Mirror.1을 선택하면 재정렬된 Feature
를 확인할 수 있다.

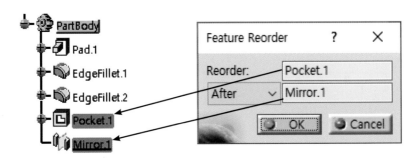

(3) Update된 Part를 확인할 수 있다.

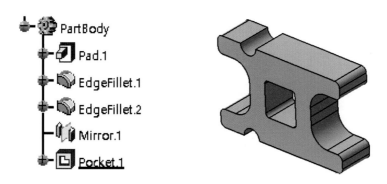

5. 피처(Feature) 수정

초기 모델링된 데이터에서 Feature 파라미터를 수정하거나 Feature를 추가 또는 삭제해서 설계 변경을 할 수 있다. 모델링을 하면서 설계자가 원하는 형상이나 간섭이 발생할 때 피처를 수정하여 원하는 결과물을 생성할 수 있다.

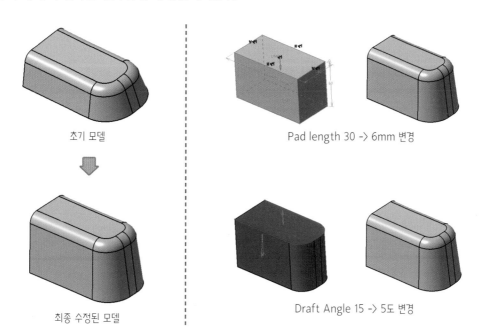

초기 모델

최종 수정된 모델

Pad length 30 -> 6mm 변경

Draft Angle 15 -> 5도 변경

❶ 파트 모델에서 수정할 Feature를 더블클릭하고 치수를 수정한다.

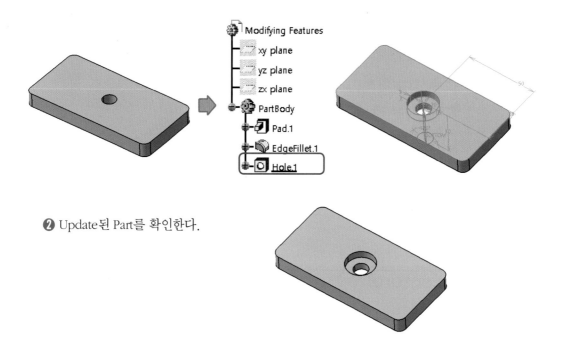

❷ Update된 Part를 확인한다.

6. 피처(Feature) 수정: 스케치 단면 변경

스케치 기반 피처 돌출(Pad)이나 빼기(Pocket)을 수정할 때 스케치 단면을 변경하는 방법
은 아래와 같다.

❶ 설계 트리에서 Pad.1 Feature를 선택하고 더블클릭한다.

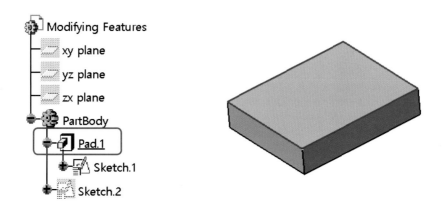

❷ Pad Definition창에서 Selection 항목을 MB1 버튼으로 클릭한다.

❸ 변경할 Sketch를 선택한다.

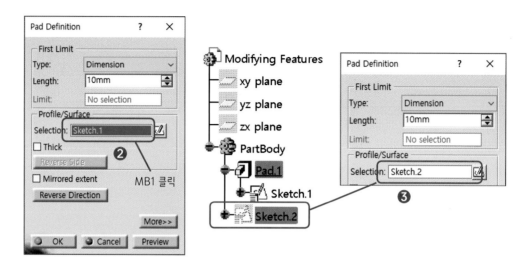

❹ OK 버튼을 클릭하고 최종 형상을 확인한다.

❺ Update All ⊚ 아이콘을 클릭하면 수정된 형상을 확인할 수 있다.

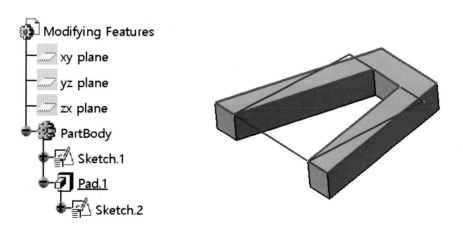

『네이버 카페 – CHAPER 3 기본 파트 디자인 : STEP 09 | 파트디자인 수정하기』 – 예제 및 모델링 동영상 파일을 업로드하였다.

Chapter 4

파트 및 피처 복사
및 이동하기

1. 복사 피처(Reuse Feature) 명령어 소개

파트에서 동일한 형상의 피처를 복사하는 방법이 있는데, 대칭 복사와 패턴 명령어이다. 동일한 형상을 반복해서 모델링하면 시간이 오래 걸리는데 위 명령어를 사용하면 쉽게 복사된 피처를 생성할 수 있다.

❶ 대칭(Mirror): 파트의 절반을 생성한 후 대칭 복사할 기준면을 선택한 면의 대칭된 형상을 복사할 수 있다.

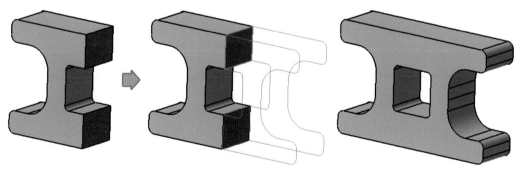

❷ 패턴(Pattern): 파트에 동일한 피처를 지정된 위치에 한 번에 여러 개를 생성할 수 있는 명령어이다.

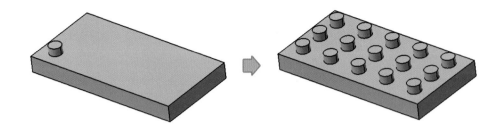

2. 대칭 복사(Mirror) 생성 방법

모델링을 할 때 좌/우 대칭 형상이면 한쪽 형상만 생성한 후에 대칭(Mirror) 명령어를 사용하여 전체 형상을 생성할 수 있다.

❶ 대칭 복사(Mirror) 아이콘을 클릭한다.

❷ 대칭 형상을 만들 면(face)나 평면(plane)을 선택한다.

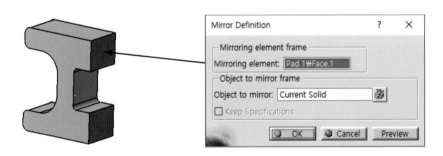

❸ OK 버튼을 클릭하고 최종 형상을 확인한다.

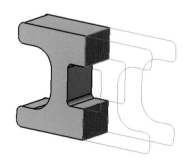
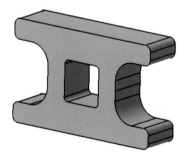

3. 다중 피처 대칭복사(Multi – Feature Mirror)

파트에서 피처를 여러 개 선택하여 대칭 복사할 수 있다.

❶ 대칭 복사(Mirror) 아이콘을 클릭한다.

❷ 대칭할 Featrue들을 설계 트리(Specification tree)에서 MB3 버튼을 누르고 선택한다.

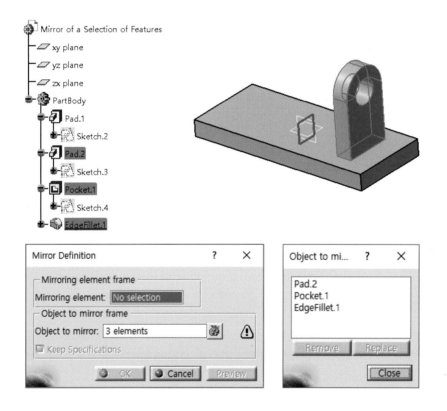

❸ 대칭 형상을 만들 면(face)이나 평면(plane)을 선택한다.

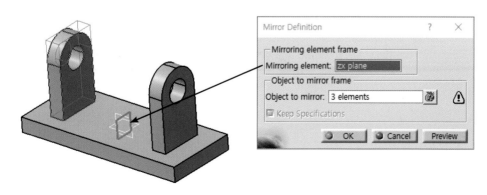

❹ OK를 클릭하고 최종 형상을 확인한다.

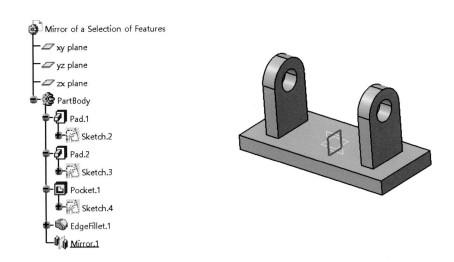

4. 패턴(Pattern) 명령어 소개

패턴(Pattern)은 모델링된 피처(Feature)를 동일하게 여러 개의 피처(Feature)로 연속적인 위치에 생성하여 복사하는 명령어이다.

CATIA 프로그램은 총 3가지 Type의 패턴 기능을 제공한다

(1) 직교 패턴(Rectangular Pattern)

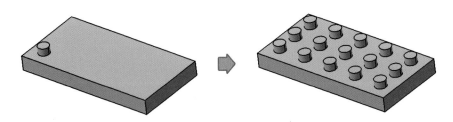

(2) 원형 패턴(Circular Pattern)

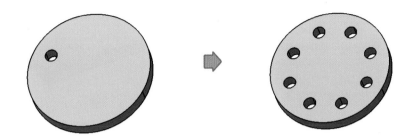

(3) 사용자 패턴(User Pattern)

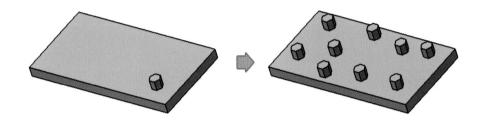

5. 직교 패턴(Rectangular Pattern)

Rectangular Pattern은 Feature를 직교 방향으로 여러 개를 복사할 때 사용하는 명령어로
생성 방법은 아래와 같다.

❶ Rectangular Pattern ▦ 아이콘을 클릭하고, 패턴에 사용할 피처를 선택한다.

❷ 패턴을 하고자 하는 첫 번째 방향을 선택해야 하며, 생성된 모델에서 가로 방향으로 된
엣지를 선택한다. 방향을 바꿀 경우 'Reverse' 버튼을 클릭한다.

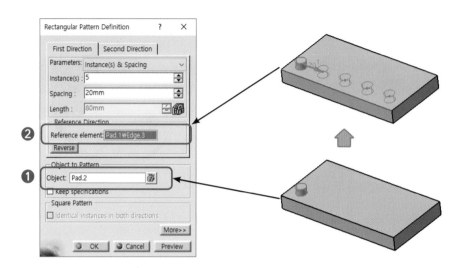

❸ 패턴을 하고자 하는 두 번째 방향을 선택해야 하며, 세로 방향으로 된 엣지를 선택한다.
방향을 바꿀 경우 "Reverse" 버튼을 클릭한다.

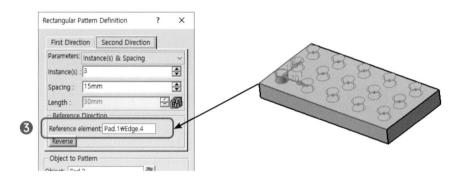

❹ OK 버튼을 클릭하고 최종 형상을 확인한다.

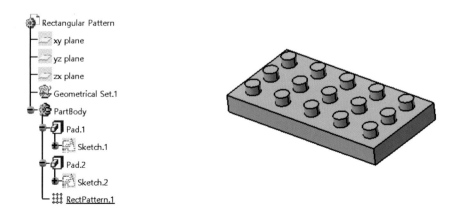

6. 원형 패턴(Circular Pattern)

Circular Pattern은 회전축 방향으로 Feature를 여러 개를 복사할 때 사용하는 명령어로 생성 방법은 아래와 같다.

❶ Circular Pattern 아이콘을 클릭하고, 패턴에 사용할 피처를 선택한다.

❷ Circular Pattern의 경우 parameters 항목을 설정하고 개수와 각도를 입력한다.

❸ Circular Pattern의 경우 회전이 되는 중심축을 반드시 선택해야 한다.

❹ MB3 버튼을 클릭하면 축을 선택할 수 있는 화면창이 나온다. 중심이 되는 회전축을 X Axis로 선택한다.

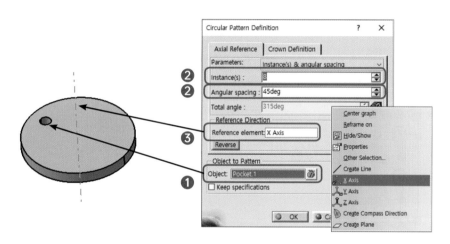

❺ OK를 클릭하고 최종 형상을 확인한다.

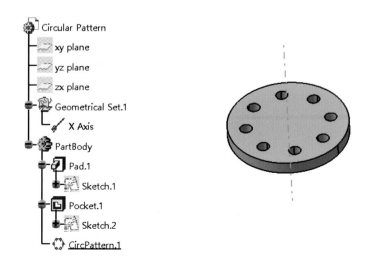

7. 사용자 패턴(User Pattern)

User Pattern은 Feature를 사용자가 원하는 위치에 여러 개를 복사할 때 사용하는 명령어로 생성 방법은 아래와 같다.

❶ User Pattern 아이콘을 클릭하고, 패턴에 사용할 피처를 선택한다.

❷ User Pattern을 생성하려면 Positions 항목에서 스케치를 선택해야 한다. 설계 트리(Specification tree)에서 'Sketch 3'을 클릭한다. 이 스케치는 사용자가 지정한 점(Point)이 9개가 있으며, 9개의 홀이 사용자가 원하는 지점을 복사된 걸 확인할 수 있다.

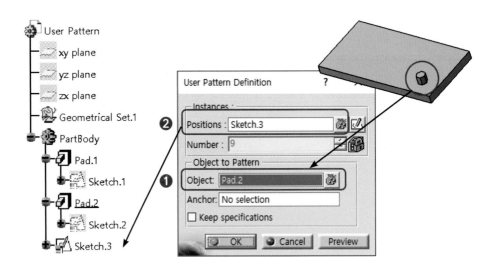

❸ OK를 클릭하고 최종 형상을 확인한다.

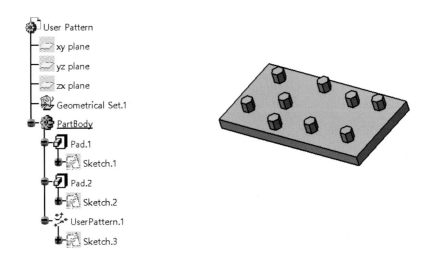

8. 다중 피처 패턴(Multi-Feature Pattern)

패턴은 여러 개의 피처를 다중 선택해서 한 번에 복사할 수 있다. 원형 패턴(Circular Pattern) 사용하여 홀과 라운드를 다중 선택하여 적용한 결과는 아래와 같다.

❶ Circular Pattern 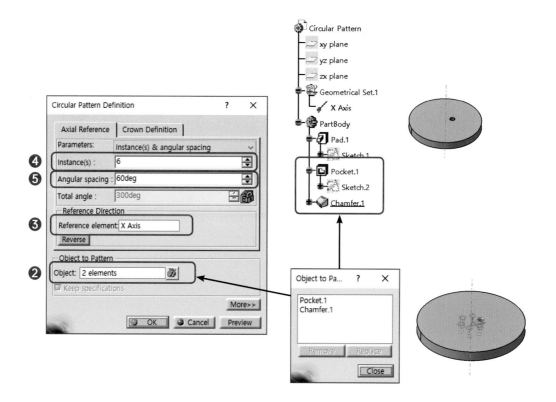 아이콘을 클릭한다.

❷ Axial Reference 탭에서 Object 항목을 선택하고, 패턴에 사용할 피처의 Ctrl키 누르고 설계 트리(Specification tree)에서 홀과 라운드를 선택한다.

❸ Reference element 항목을 선택하고, Circular Pattern을 위한 회전축을 선택한다.

❹ Instance(s) 항목란에 6개를 입력한다.

❺ Angular spacing 항목에 60도를 입력한다.

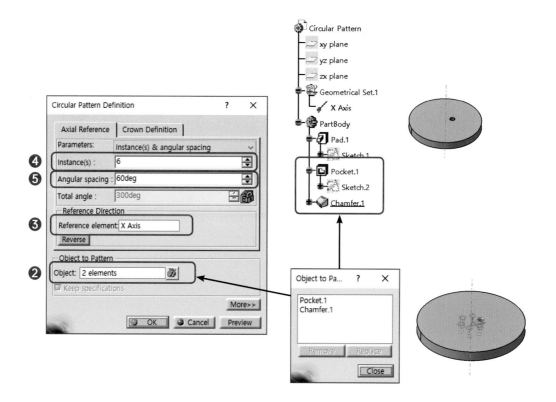

❻ Crown Definition 탭으로 이동한다.

❼ Circle(s)에 4개를 입력한다.

❽ Circle spacing 20mm 입력한다.

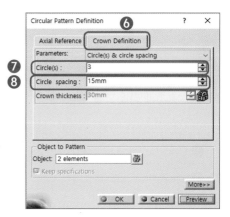

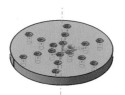

❾ OK를 클릭하고, 최종 형상을 확인한다.

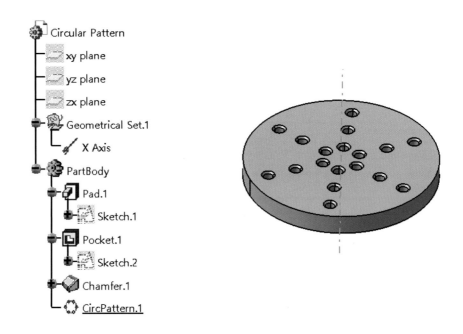

9. 패턴 분해(Explode Pattern)

패턴(Pattern)을 실행 후 각각의 Feature로 분해가 가능하다.

❶ 설계 트리(Specification tree)에서 패턴 Feature에 MB3 버튼을 클릭하면 하위 메뉴에서 Explode 명령어를 선택한다.

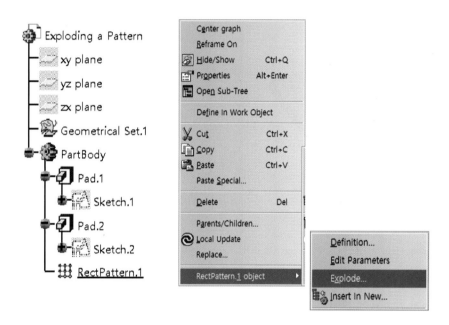

❷ Update 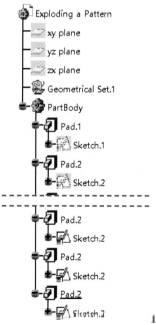 아이콘을 클릭한다.

❸ 패턴이 분해되어 각각의 Feature로 구성된 걸 확인할 수 있다.

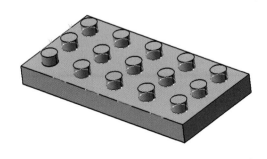

193

10. 패턴(Pattern) 수정

(1) 패턴(Pattern)을 생성할 때, Instance 삭제 및 추가

패턴을 생성할 때 사용자가 Instance에 생성되는 점을 선택하여 삭제할 수 있다. 다시
포인트를 선택하면 되살릴 수 있다.

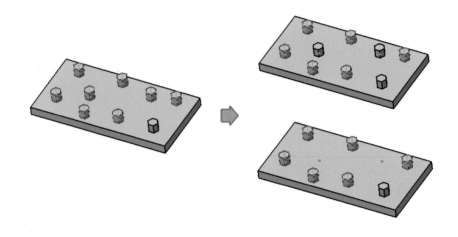

(2) 패턴 방향을 정의

패턴 방향을 생성된 면(face)이나 엣지를 선택하여 정의할 수 있다.

Rectangular pattern이나 Circular pattern의 회전축은 선택된 면의 수직한 방향으로 정
의된다.

(3) 패턴을 수정하거나 생성할 때 Pattern 창에 Feature를 삭제 및 추가

❶ Object의 항목에서 Feature 리스트 선택한다.

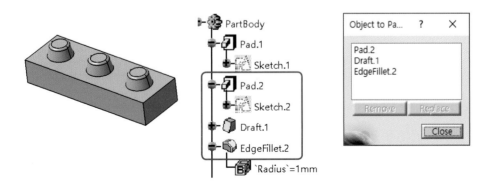

❷ Object의 항목에서 라운드를 삭제한다.

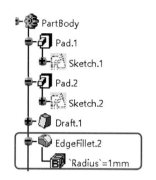

❸ OK 버튼을 클릭하고 최종 형상을 확인한다.

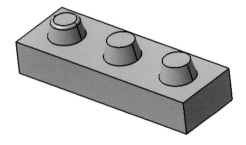

『네이버 카페 - CHAPER 4 파트 및 피처 복사 및 이동하기 : STEP 01 | 피처(Feature) 복사하기』 - 예제 및 모델링 동영상 파일을 업로드하였다.

STEP 02 파트(Part) 이동하기

1. 이동 피처(Transformation Features) 명령어 소개

솔리드 형상을 생성한 후에 피처를 이동하는 경우가 있는데, 이때 사용하는 명령어가 이동 피처(Transformation Features) 툴바다. 이동 피처는 4가지 명령어로 구성되어 있다.

(1) 이동(Translate): 선택한 파트를 평면이나 엣지를 선택하여 파트를 이동

(2) 회전 (Rotate): 선택한 파트를 중심축을 기준으로 회전 이동

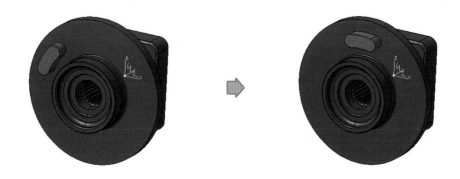

(3) 대칭 이동(Symmetry): 선택한 파트를 기준 평면으로부터 대칭 이동

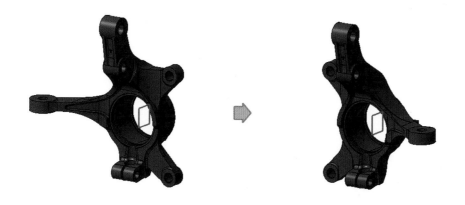

(4) 좌표 대 좌표(Axis To Axis): 선택한 파트를 좌표에서 좌표로 이동

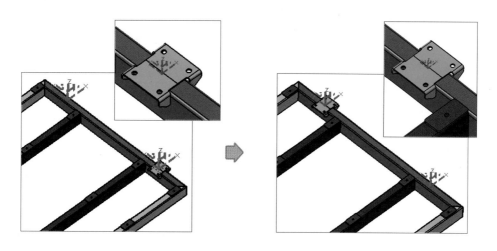

이동(Translation), 회전(Rotation), 대칭 이동(Symmetry)은 위치에 대한 이동만 가능하고, 지오메트리를 수정할 수 없다.

축척(Scaling) 명령어는 피처의 중심점을 기준으로 비율값을 입력하여 지오메트리 형상을 변형시킨다.

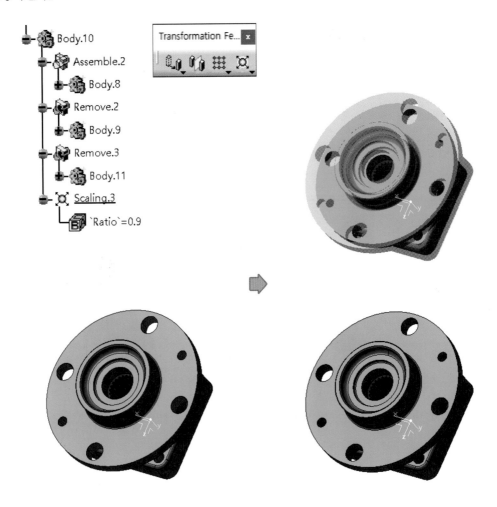

2. 이동(Translation)

이동 명령어는 피처나 파트 바디를 직선 방향을 움직일 수 있고 3가지 옵션 메뉴가 있다.

❶ Direction, distance: 피처나 파트를 이동시키기
위해 엣지나 평면을 선택을 선택하고 이동할
거리를 입력한다.

❷ Point to point: 피처나 파트를 이동시키기 위해
기준이 되는 시작점을 선택하고 이동할 위치의
끝점을 선택한다.

❸ Coordinates: 피처나 파트를 이동시키기 위해
좌표계를 기준으로 X, Y, Z 거리값을 입력하여 이동시킨다.

Direction, distance 옵션을 사용하여 이동하는 방
법은 아래와 같다.

❶ 이동(Translation)  명령어를 선택한다.

❷ 메시지 창이 나오면 예를 클릭한다.

❸ 축, 엣지, 평면(Plane), 평면으로 구성된 면(face)을 선택하여 방향을 지정한다.

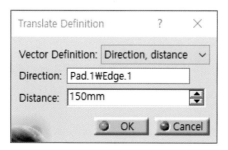

❹ 거리값을 입력하고, OK 버튼을 클릭한다.

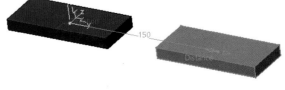

3. 회전(Rotation)

회전(Rotation) 명령어는 중심축을 선택하여 회
전 이동할 수 있으며, 생성 방법은 아래와 같다.

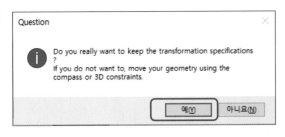

❶ 회전(Rotation)  명령어를 선택한다.

❷ 메시지 창이 나오면 예를 클릭한다.

❸ 회전시킬 기준 축을 선택한다. 회전축은 엣지, 축을 선택할 수 있다.

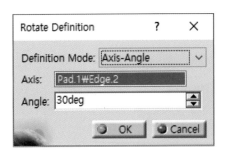

❹ 각도값을 입력하고, OK 버튼을 클릭한다.

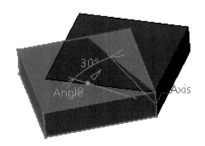

『네이버 카페 – CHAPER 4 파트 및 피처 복사 및 이동하기 : STEP 02 | 파트(Part) 이동하기』
– 예제 및 모델링 동영상 파일을 업로드하였다.

Chapter

5

복합 파트 디자인

1. 3D 참조 엘리먼트(3D Reference Elements) 명령어 소개

파트 디자인 워크벤치(Part Design workbench)에서 점, 선, 평면을 생성할 수 있는데, 이때 사용하는 툴바가 'Reference Element'이다. 참조 엘리먼트(Reference Element)에서 생성한 지오메트리는 3D 공간에서 참조할 수 있는 기준이 되는 엘리먼트이고 솔리드 모델에서 와이어 프레임을 구성하는 기본 요소이다.

복잡한 부품의 경우, Feature 형상을 생성하려면 원하는 위치에 스케치 기준면이 있어야 한다. 참조 엘리먼트 툴바에 있는 명령어를 사용하여 절대 좌표에서 일정 거리만큼 떨어진 곳에 점을 생성하거나, 45도 각도로 회전된 평면을 생성할 수 있다. 선(Line)을 사용하여 축을 생성할 수 있고, 스케치를 돌출할 때 원하는 각도의 선을 선택하여 방향을 설정할 수 있다.

참조 엘리먼트를 생성하는 방법은 두 가지가 있다.

(1) 스케치를 통해서 점, 선을 생성하는 방법

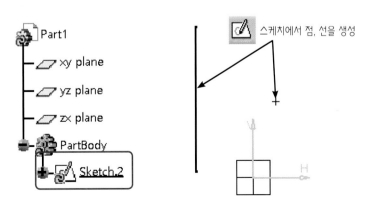

(2) 참조 엘리먼트(Reference Element) 툴바에서 점, 선, 평면을 생성하는 방법

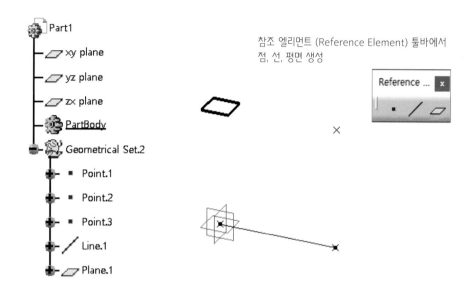

참조 엘리먼트 (Reference Element) 툴바에서
점, 선, 평면 생성

2. 3D 참조 엘리먼트: 점(Point) 생성하기

참조 엘리먼트(Reference Element) 툴바에서 점을 생성하는 방법은 아래와 같다.

(1) 참조 엘리먼트(Reference Element) 툴바에서 점 아이콘을 선택한다.

(2) Point 화면창이 나오면 Coordinates를 선택하고, X, Y, Z에 원하는 거리값 입력한다.

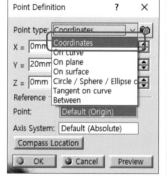

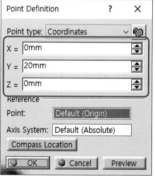

(3) OK 버튼을 클릭하고 생성된 점을 확인한다.

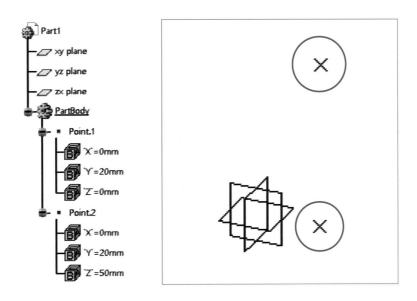

✓ PartBody 안에 점을 생성하려면 아래와 같이 옵션 설정을 해야 한다.

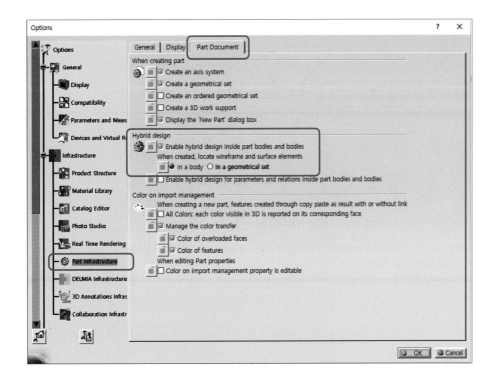

3. 3D 참조 엘리먼트: 선(Line) 생성하기

참조 엘리먼트(Reference Element) 툴바에서 선을 생성하는 방법은 아래와 같다.

(1) 참조 엘리먼트(Reference Element) 툴바에서 선(Line) 아이콘을 선택
한다.

(2) Line 화면창이 나오면 Point-Point 옵
션을 선택한다.

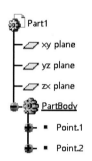

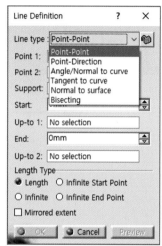

(3) 첫 번째 점과 두 번째 점을 선택하고 OK 버튼을 클릭한다.

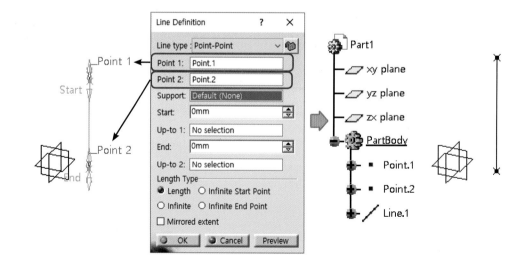

4. 3D 참조 엘리먼트 : 평면(Plane) 생성하기

참조 엘리먼트(Reference Element) 툴바에서 평면을 생성하는 방법은 아래와 같다.

(1) 참조 엘리먼트(Reference Element) 툴바에서 평면(Plane) 아이콘을 선 택한다.

(2) Plane 화면창이 나오면 Offset from plane 옵션을 선택한다.

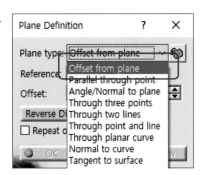

(3) Reference 옵션 항목에서 xy plane을 선택하고, Offset 값 50mm을 입력한다.

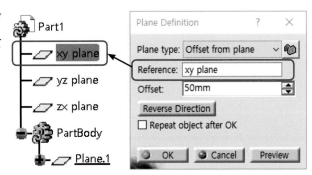

(4) OK 버튼을 클릭하고 생성된 평면을 확인한다.

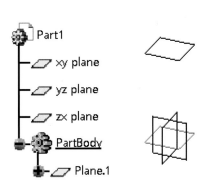

5. 3D 치수구속(3D Constraint)

3D 치수 구속(3D Constraint)은 3차원으로 생성된 형상의 치수를 확인할 때 사용하는 명령어이며, 참조 엘리먼트나 생성된 형상의 지오메트리의 기준면의 거리나 각도를 측정할 수 있다. 이때 측정된 치수는 스케치에서 생성된 단면 치수와 동일하다.

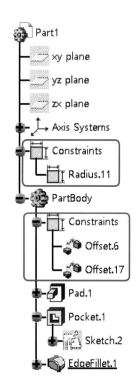

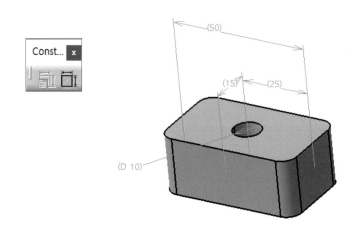

3D 치수 구속(3D Constraint)는 수정을 할 수 없고 3차원에서 치수를 확인할 때 사용하는 명령이다. 수정을 하려면 스케치 단면을 선택해서 수정해야 한다.

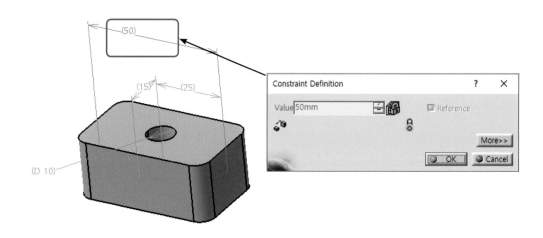

6. 3D 치수 구속(3D Constraint) 생성하기

3D 치수 구속(3D Constraint)의 생성 방법은 아래와 같다.

(1) Constraint 명령어를 선택하고 거리를 측정할 두 개의 평면을 선택한다. 스케치와 생성
한 치수가 동일하면 Pad 피처 아래에 3D Constraint 명령어가 생성된다.

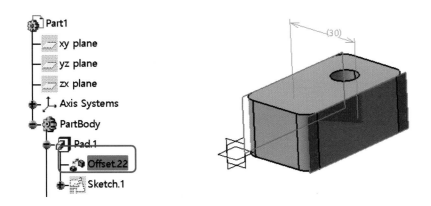

(2) Constraint 명령어를 선택하고 거리를 측정할 참조 지오메트리를 xz plane과 홀 축을 선
택한다. 스케치에서 생성한 치수가 없고, 외부에서 치수를 생성하면 Constraint 명령어
가 새로 생성된다.

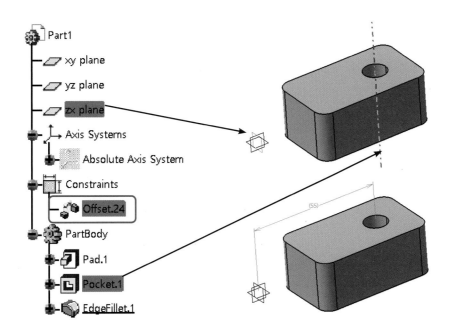

7. 좌표(Axis System) 생성하기

복잡한 파트나 하향식 설계(Top-Down)로 모델링을 할 경우 각각의 구성 부품에 대한 개별 좌표를 생성할 경우가 있다. 예를 들어 치수가 큰 부품의 경우 절대 좌표에서 모델링할 때, 스케치하기가 불편한 경우가 발생하는데, 이때 개별 부품의 중심이 될 수 있는 기준점을 선택해서 개별 좌표를 생성하면 모델링을 쉽게 할 수 있다.

개별 좌표를 생성하기 위해서는 기준점을 선택하고 X, Y, Z축 중에서 두 개의 방향을 선택하면 원하는 위치에 좌표를 생성할 수 있다.

(1) Axis System 아이콘을 선택한다.

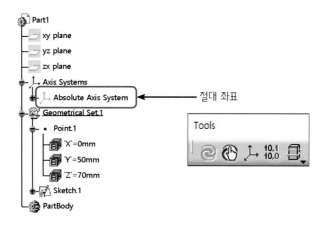

(2) 생성된 점을 선택한다. 로컬 좌표의 기준점이 된다. X, Y Axis 방향을 결정할 기준선을 선택한다. Z 방향은 자동 지정된다. 기준선은 90도 직교 방향으로 구성해야 한다.

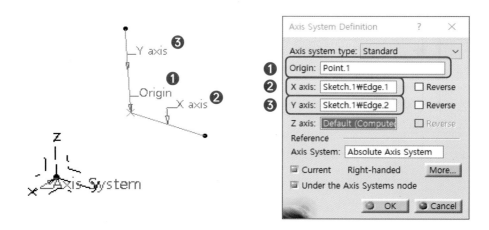

(3) OK 버튼을 클릭하고 생성된
　　로컬 좌표를 확인한다.

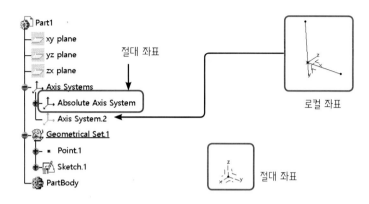

8. 옵션(Option) 설정

　새로운 파트를 생성할 때, 와이어 프레임(점, 선, 평
면) 등을 구성할 지오메트리 세트와 좌표를 자동 생성
하려면 옵션에 들어가서 해당 항목을 설정해야 한다.

✓ Option - Infrastructure - Part Infrastructure 'Create an axis system'을 체크
✓ 'Create a Geometrical set'을 체크

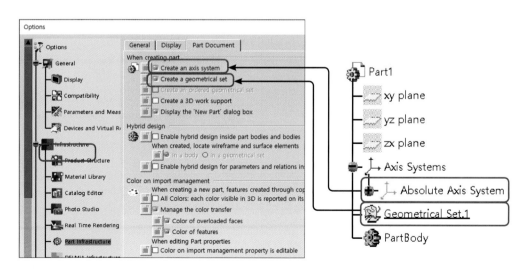

『네이버 카페 – CHAPER 5 복합 파트 디자인 : STEP 01 | 좌표 및 3D 엘리먼트 생성』 – 예제
및 모델링 동영상 파일을 업로드하였다.

스케치 기반 피처:
경로 돌출(Ribs) 및 경로 빼기(Slots)

1. 경로 돌출(Rib)

경로 돌출(Rib)은 단면이 경로 커브를 따라서 3D Feature 형상을 돌출하는 명령어이다. 단면의 형태는 닫힌 단면이나 열린 단면 모두 가능하다.

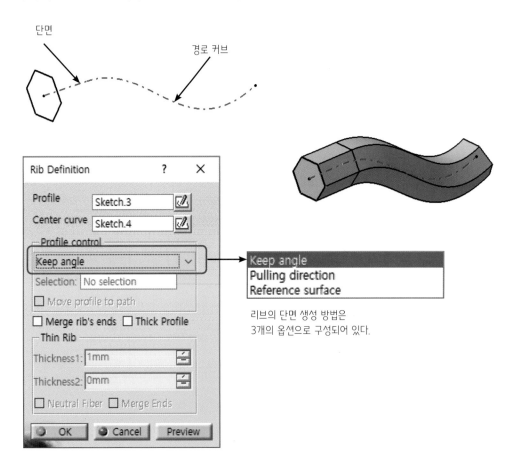

단면

경로 커브

Rib Definition ? ✕

Profile [Sketch.3]
Center curve [Sketch.4]
Profile control
[Keep angle ▼] → Keep angle
Selection: [No selection]   Pulling direction
☐ Move profile to path   Reference surface
☐ Merge rib's ends ☐ Thick Profile

리브의 단면 생성 방법은
3개의 옵션으로 구성되어 있다.

Thin Rib
Thickness1: [1mm]
Thickness2: [0mm]
☐ Neutral Fiber ☐ Merge Ends

⬤ OK   ⬤ Cancel   Preview

2. 경로 빼기(Slot)

경로 빼기(Slot)는 기존에 생성된 솔리드 형상에서 단면이 경로 커브를 따라서 생성된 3D Feature 형상을 제거하는 명령어이다. 단면의 형태는 닫힌 단면이나 열린 단면 모두 가능하다.

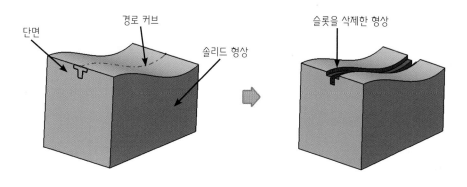

3. 경로 돌출(Rib)및 경로 빼기(Slot) 활용 방법

경로 돌출(Rib)및 경로 빼기(Slot)는 케이스의 플랜지와 같이 3차원 형상으로 구성된 복잡한 형상을 경로 커브와 단면을 통해서 쉽게 생성할 수 있다. 스케치를 통해 다양한 형태의 단면을 생성할 수 있고, 다양한 형상의 경로 커브를 통해서 쉽게 스윕되는 형상을 생성할 수 있다.

명령어를 활용하여 3차원 형상을 생성하는 방법은 아래와 같다.

(1) 벤딩 파이피와 같이 3차원 곡선의 경로를 따라가는 형상을 생성

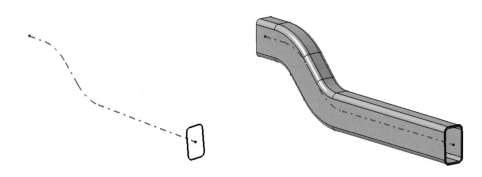

(2) 케이스 플랜지 형상이나 두께를 생성

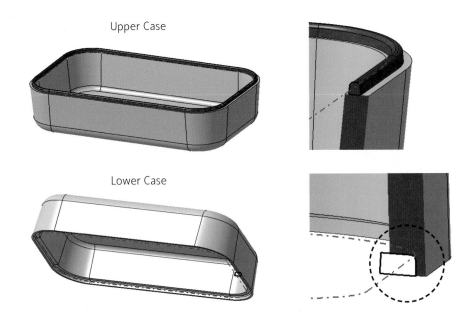

Upper Case

Lower Case

(3) 코일 스프링과 같은 자유곡선을 가지는 3차원 형상을 생성

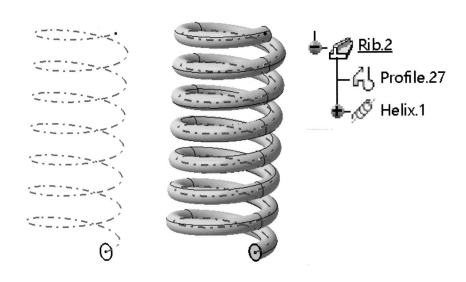

Rib.2

Profile.27

Helix.1

4. 단순 형상의 경로 돌출(Rib) 생성하기

플랜지와 같은 형태의 단순한 형상의 리브를 생성하는 방법은 아래와 같다.

(1) Rib 아이콘을 선택한다.

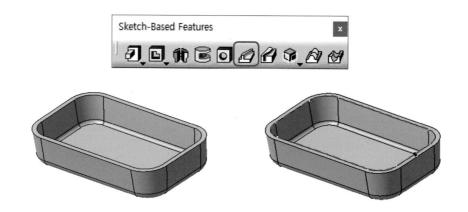

(2) Profile 항목에서 스윕할 단면을 선택하고, Center curve 항목에서 경로 커브를 클릭한다.
    Profile control 항목에서 Keep angle을 선택한다.

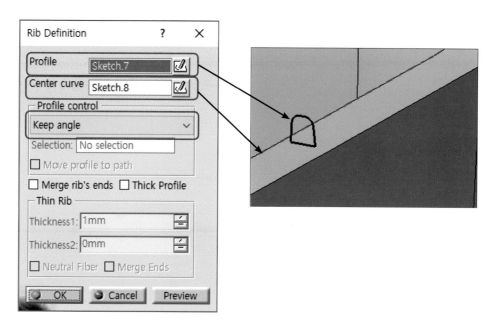

(3) OK 버튼을 클릭하고 최종 형상을 확인한다.

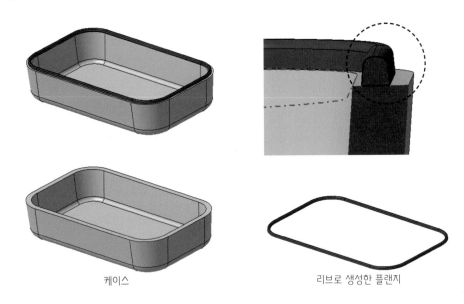

케이스   리브로 생성한 플랜지

5. 단순 형상의 경로 빼기(Slot) 생성하기

기존에 생성된 솔리드 형상에서 플랜지와 같은 형태의 단순한 형상을 경로 빼기(Slot) 명령어를 사용하여 제거하는 방법은 아래와 같다.

(1) Slot 아이콘을 선택한다.

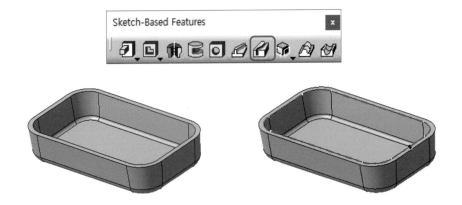

(2) Profile 항목에서 스윕할 단면을 선택하고, Center curve 항목에서 경로 커브를 클릭한
다. Profile control 항목에서 Keep angle을 선택한다.

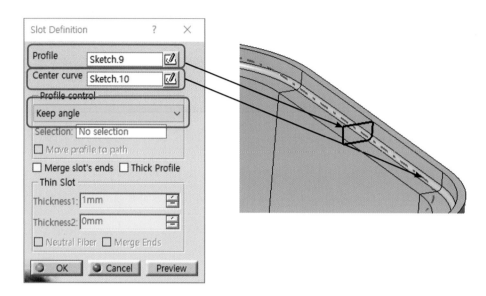

(3) OK 버튼을 클릭하고 최종 형상을 확인한다.

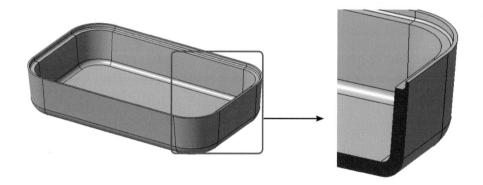

6. 일정한 두께를 가지는 경로 돌출(Rib) 및 경로빼기(Slot) 생성하기

경로 돌출(Rib)과 경로 빼기(Slot)에서 단면에서 두께를 부여하여 형상을 생성하는 방법은 아래와 같다. 일정한 두께를 가지는 경로 빼기(Slot)도 경로 돌출(Rib)과 생성 방법은 동일하다.

(1) Rib 아이콘을 선택한다.

(2) Profile 항목에서 스윕할 단면을 선택하고, Center curve 항목에서 경로 커브를 선택한다. Profile control 항목에서 Keep angle을 선택한다.

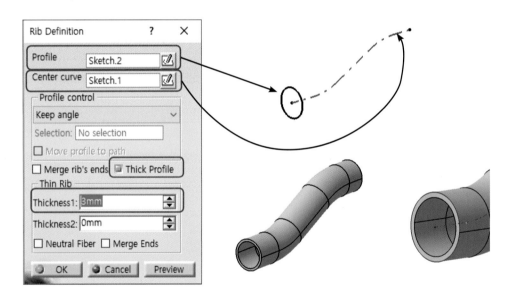

(3) Thick Profile을 선택하고, Thickness1 항목에서 3mm 입력한다. 단면 커브에서 안쪽 방향으로 두께가 부여된다.

(4) Neutral Fiber 항목을 선택하면, 단면 커브를 기준으로 양쪽 방향으로 두께가 입력되어
형상이 생성된다.

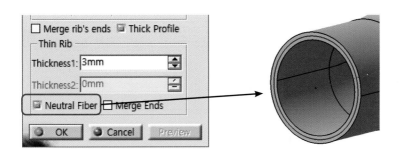

(5) OK 버튼을 클릭하고 최종 형상을 확인한다.

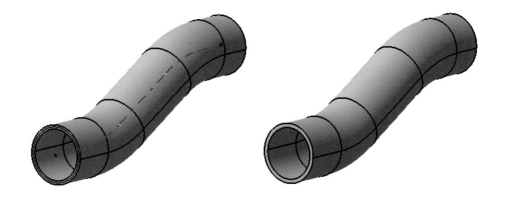

『네이버 카페 - CHAPER 5 복합 파트 디자인 : STEP 02 | Ribs / Slots』 - 예제 및 모델링 동
영상 파일을 업로드하였다.

스케치 기반 피처:
다중-단면 돌출(Multi-sections Solid) 및
형상 제거(Removed Multi-sections Solid)

1. 다중-단면 돌출(Multi-sections Solid) 소개

다중-단면 돌출(Multi-sections Solid)은 두 개 이상의 연속적인 단면을 Spine 커브를 따라 생성되는 솔리드를 말한다. 다중-단면 돌출의 모양은 단면 형태에 따라 결정된다.

특정한 모델링 상황에서 사용자는 길이 방향에 따라 다양한 형태의 단면들과 Guide 또는 Spine 커브를 통해 원하는 형상의 솔리드를 생성할 수 있다. 다중-단면 돌출은 두 개 이상의 단면을 통해 G1의 연속성을 가지는 형상을 생성할 수 있다.

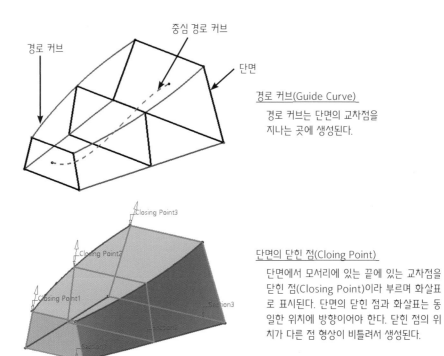

경로 커브

중심 경로 커브

단면

경로 커브(Guide Curve)

경로 커브는 단면의 교차점을 지나는 곳에 생성된다.

Closing Point3

Closing Point2

Closing Point1

Section3

단면의 닫힌 점(Cloing Point)

단면에서 모서리에 있는 끝에 있는 교차점을 닫힌 점(Closing Point)이라 부르며 화살표로 표시된다. 단면의 닫힌 점과 화살표는 동일한 위치에 방향이어야 한다. 닫힌 점의 위치가 다른 점 형상이 비틀려서 생성된다.

2. 단면(Section)과 경로 커브(Guide Curve)

단면은 평면에 스케치하거나 평면이지 않는 3D 커브로 구성할 수 있다. 다중-단면 돌출을 생성하기 위해서는 기본적으로 2개 이상의 단면이 필요하며, 선택한 단면을 순서대로 연속성을 갖는 모양의 솔리드를 생성한다.

가이드 커브는 두 개의 단면 사이의 경로를 정의할 때 사용하며, 여러 개의 단면과 경로 커브는 교차점이 일치해야 하며, 연속성을 가지는 커브여야 한다.

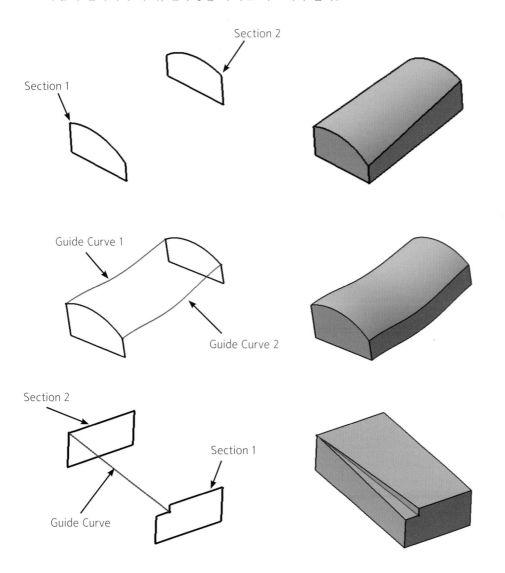

(1) 다중-단면 도출: 단면만 선택

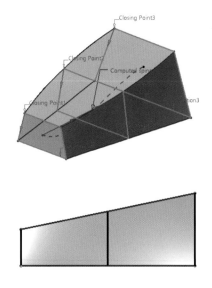
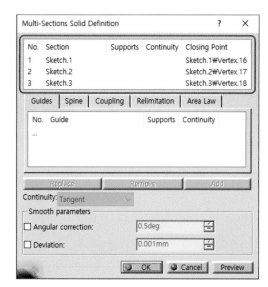

(2) 다중-단면 도출: 단면 + 중심 경로 커브 선택

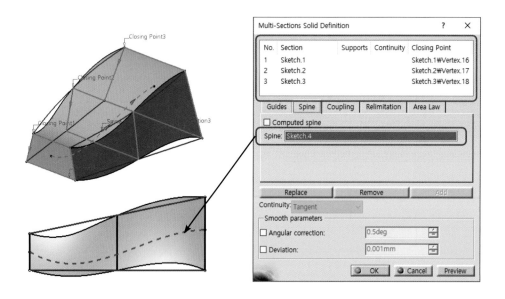

3. 결합점(Coupling Point)

결합점(Coupling Point)은 솔리드 분할면이나 경계 라인의 점을 연결할 때 사용한다. Multi-Section Solid → Coupling option 항목에서 단면의 교차되는 점을 선택하면 가상의 점을 계산하여 솔리드가 자동 생성한다. 이때 선택한 교차점은 단면의 모서리점이나 불연속적인 커브의 모서리점을 선택할 수 있다. 선택 방법은 Coupling Point 항목에서 하나의 단면 모서리점을 선택하고 다른 단면의 모서리점을 선택하면 두 단면에서 선택된 모서리점들의 연결되어 가상선이 자동으로 생성된다. 사용자가 각각의 단면에서 모서리점이 일치하지 않을 때 수동으로 연결시켜 솔리드를 생성할 수 있다.

4. 다중-단면 돌출(Multi-sections Solid) 활용 방법

다중-단면 돌출(Multi-sections Solid) 및 다중-단면 형상 제거(Removed Multi-sections Solid) 명령어는 복잡한 형상을 생성하거나 기존 형상에서 제거할 때 사용한다.

(1) 복잡한 단면과 경로로 가지는 형상을 생성할 때

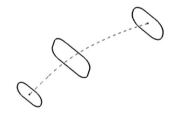 

(2) 단면과 경로 커브를 사용하여 배기 형상과 같은 비틀린 형상을 생성할 때

5. 다중-단면 돌출(Multi-sections Solid): Guide Lines

다중-단면 돌출(Multi-sections Solid) 명령어에서 단면과 가이드 커브를 따라서 솔리드 형상이 생성한다.

(1) 멀티-섹션 솔리드(Multi-sections Solid) 아이콘을 선택한다.

(2) Sections 탭에서 2개의 단면을 순서대로 선택한다. 솔리드 형상은 단면을 선택 순서에 따라 결정되고 단면에 따라 연속성이 자동으로 계산된다.

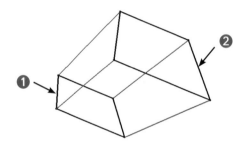
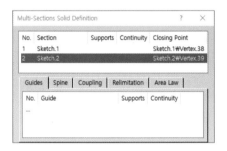

(3) Guide 항목에서 보라색으로 된 커브를 순서대로 선택한다. 솔리드 형상은 단면과 가이드 커버를 따라서 생성된다.

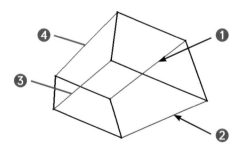
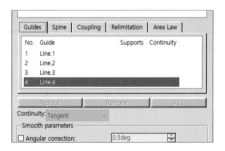

(4) OK 버튼을 클릭하고 최종 형상을 확인한다.

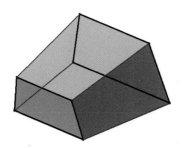
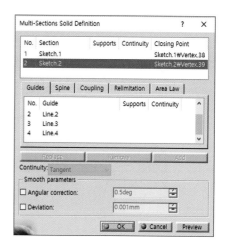

6. 다중-단면 돌출(Multi-sections Solid): Spine

다중-단면 돌출(Multi-sections Solid) 명령어에서 단면과 Spine 커브를 따라서 솔리드 형상
이 생성한다.

(1) 멀티-섹션 솔리드(Multi-sections Solid) 아이콘을 선택한다.

(2) Sections 탭에서 2개의 단면을 순서대로 선택한다. Spine 탭에서 가이드가 경로 커브를
선택한다. 첫 번째 단면과 두 번째 단면은 Spine 커브의 경로를 따라 솔리드 형상을 생
성한다.

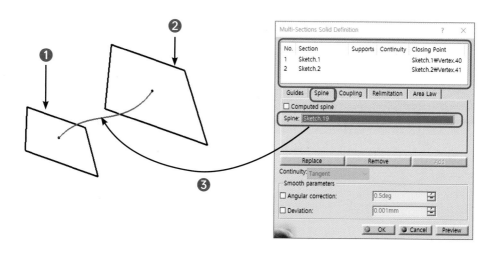

(3) OK 버튼을 클릭하고 최종 형상을 확인한다.

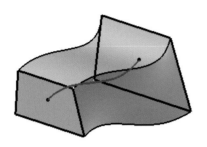

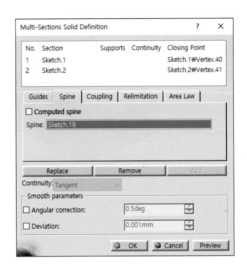

7. 다중-단면 돌출(Multi-sections Solid): Close Point 소개

Closing Point는 닫힌 단면의 끝나는 점을 말하며, 단면은 솔리드로 생성하는 방향과 연관되어 있다. 멀티-섹션 솔리드가 생성되면, 여러 개의 단면의 끝나는 점을 연결하여 생성하는데, 이때 끝나는 점에서 솔리드의 생성 방향을 결정한다. 원하는 솔리드 방향으로 생성되지 않으면 수동으로 끝점을 변경하여 수정하여 솔리드 생성 방향을 변경할 수 있다.

[Closing Point / 화살표 방향: 올바른 위치]

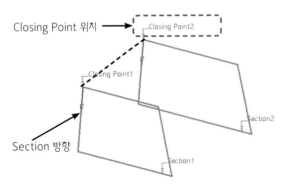

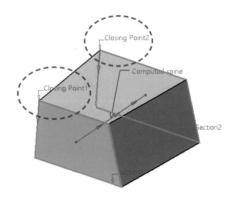

[Closing Point: 맞음 / 화살표 방향이: 반대]

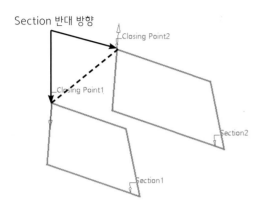

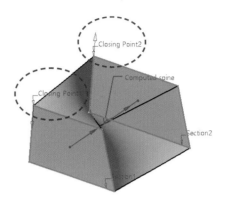

[Closing Point / 화살표 방향: 다른 위치]

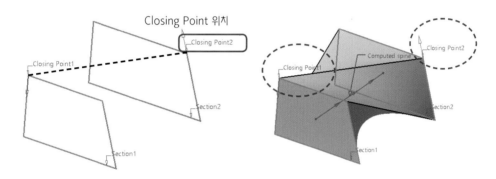

8. 다중-단면 돌출(Multi-sections Solid): Close Point 생성하기

다중-단면 돌출(Multi-sections Solid) 명령어에서 Closing Point 변경하는 방법은 아래와 같다.

(1) 멀티-섹션 솔리드(Multi-sections Solid) 아이콘을 선택한다.

(2) 첫 번째 단면과 두 번째 단면을 선택한다. 단면의 끝점(Closing Point)의 방향이 맞게 됐
는지 확인한다.

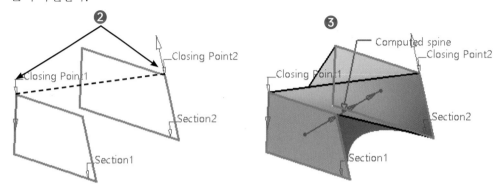

(3) 스케치 단면을 선택하고 MB3 버튼을 클릭하고 Replace 항목은 선택한다.

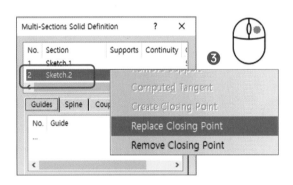

(4) 단면에서 변경하고자 하는 끝점(Closing Point)을 MB1으로 선택한다.

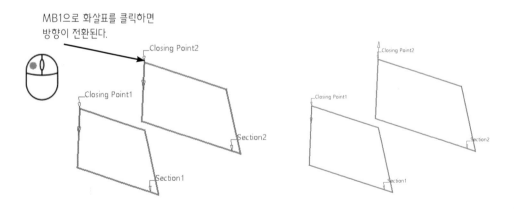

(5) OK 버튼을 클릭하고 최종 형상을 확인한다.

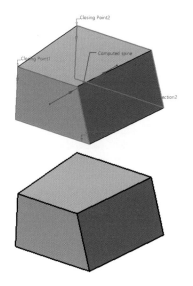

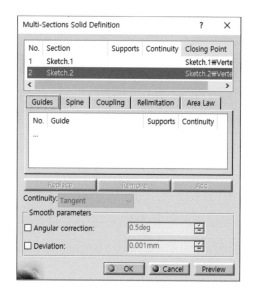

9. 다중-단면 돌출(Multi-sections Solid): Tangent Surface

기존에 생성한 서피스와 탄젠트하게 접하는 다중-단면 돌출(Multi-sections Solid)을 생성하는 방법은 다음과 같다.

(1) Multi-sections Solid 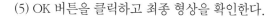 아이콘을 선택한다.
(2) 3개의 단면을 순서대로 선택한다.

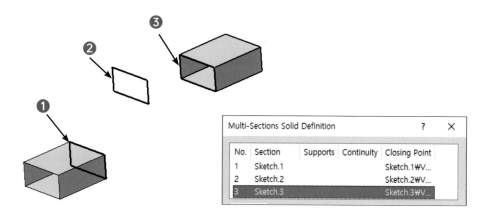

(3) 첫 번째 선택한 단면을 선택하고, Supports 탭에 서피스 MB1 버튼으로 서피스를 선택한다. Continuity는 Tangent / Curveature로 선택할 수 있다.

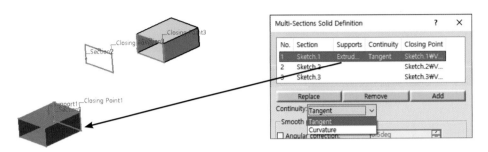

(4) 세 번째 선택한 단면을 선택하고, Supports 탭에 서피스 MB1 버튼으로 서피스를 선택한다. Continuity는 Tangent / Curveature로 선택할 수 있다.

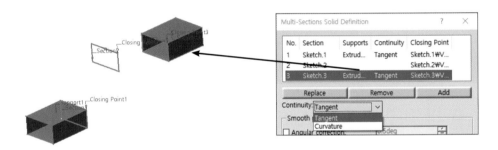

(5) OK 버튼을 클릭하고 최종 형상을 확인한다.

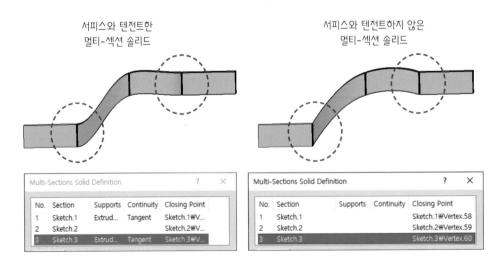

10. 다중-단면 형상 제거(Removed Multi-sections Solid) 소개

다중-단면 형상 제거(Removed Multi-sections Solid) 명령어는 기존에 생성한 솔리드 모델에서 원하는 형상을 제거하여 생성되며, 두 개 이상의 연속적인 단면을 Spine 커브를 따라 형상이 제거되고 단면 형태에 따라 형상이 결정된다.

생성 방법은 앞에서 설명한 다중-단면 돌출 (Multi-sections Solid)과 동일하다.

❶ 솔리드 형상 생성
/ 단면 스케치

❷ 단면 선택

❸ 멀티-섹션 솔리드
형상 제거

11. 다중-단면 형상 제거(Removed Multi-sections Solid) 생성하기

다중-단면 형상 제거(Removed Multi-sections Solid) 명령어는 단면과 가이드 커브를 따라서 솔리드 형상을 제거하며 생성 방법은 아래와 같다.

(1) Removed Multi-sections Solid 아이콘을 선택한다.

(2) Sections 탭에서 3개의 단면을 순서대로 선택한다. 제거할 솔리드 형상은 단면의 선택 순서에 따라 결정되고 단면에 따라 연속성이 자동으로 계산된다.

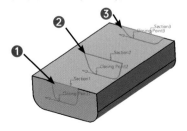

(3) OK 버튼을 클릭하고 최종 형상을 확인한다.

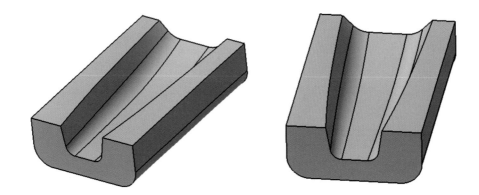

『네이버 카페 - CHAPER 5 복합 파트 디자인 : STEP 03 | Multi-sections Solid』- 예제 및
모델링 동영상 파일을 업로드하였다.

1. 두께 돌출 및 빼기(Thickness)

두께 돌출 및 빼기(Thickness) 명령어는 기존에 생성된 솔리드 형상을 수정할 때 빠르게 쉽게 형상을 변경할 수 있다. 아래 3가지 경우일 때 명령어를 자주 사용한다.

쉘(Shell)로 생성된 솔리드 형상의 두께를 수정할 경우

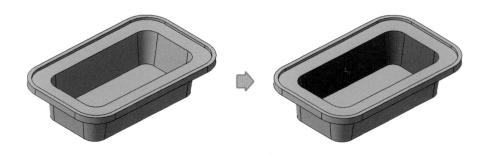

기존 형상 구멍난 부분을 두께를 부여하여 채울 경우

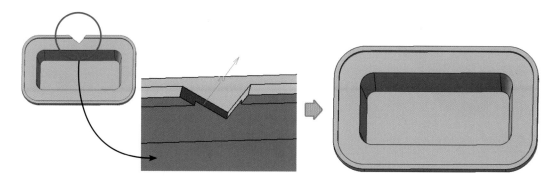

기존 형상 두께를 (-) 방향으로 부여해서 형상을 삭제할 경우

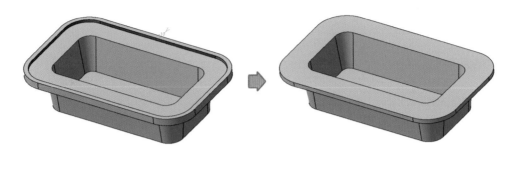

(1) Thickness 명령어를 선택한다.

(2) 두께를 부여할 면을 MB1 버튼으로 선택하고 두께를 5mm 입력한다.

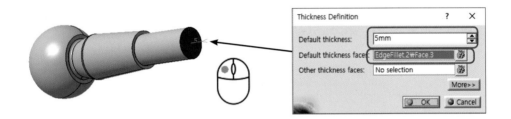

(3) 다른 두께를 부여할 면을 MB1 버튼으로 선택한다. 치수를 MB1으로 더블클릭하고 두께를 1mm 입력한다.

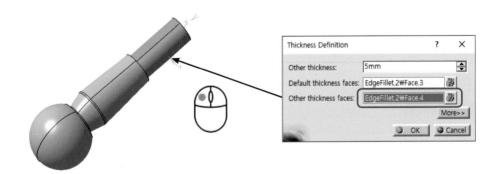

(4) 치수를 MB1으로 더블클릭하고 두께를 1mm 입력한다.

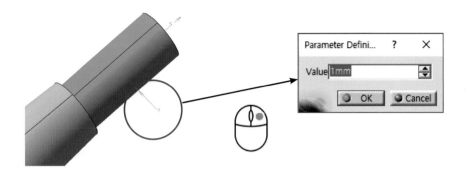

(5) OK 버튼을 클릭하고 최종 형상을 확인한다.

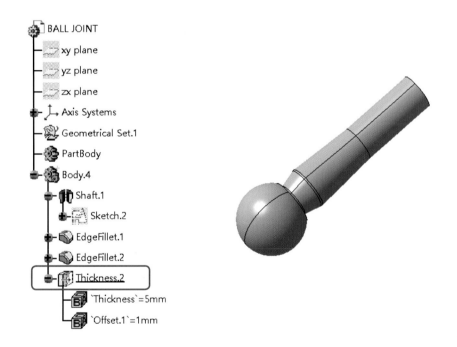

2. 면 및 곡면 지우기(Remove Face)

CATIA로 모델링한 파일을 구조 해석을 위한 FEM(Finite Element Analysis)로 구성하려고 할 때, 최종 모델링된 형상에서 라운드나 모따기 그리고 지름이 5mm 이하인 구멍을 삭제해서 지오메트리를 단순화해야 한다. 이때 사용하는 면 및 곡면 지우기(Remove Face) 명령어를 사용하여 쉽게 형상을 제거할 수 있다.

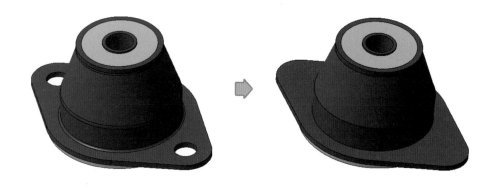

(1) Remove Face 명령어를 선택한다.

(2) 제거할 면을 MB1 버튼으로 선택한다. 주의할 점은 제거할 면이 연결된 모든 면을 선택해야 에러가 발생하지 않는다.

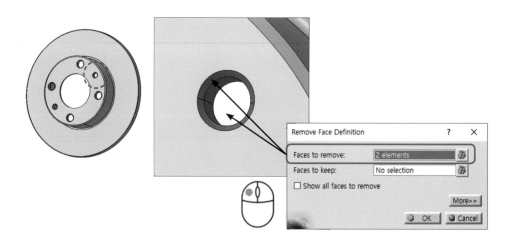

(3) OK 버튼을 클릭하고 최종 형상을 확인한다.

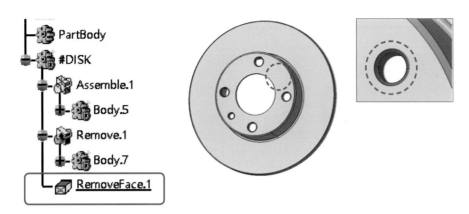

3. 면 및 곡면 대체(Replace Face)

면 및 곡면 대체(Replace Face) 명령어는 솔리드 형상의 생성된 면을 다른 면 및 곡면으로
대체할 때 사용되는 명령어로 생성 방법은 아래와 같다.

(1) Replace Face 명령어를 선택한다.

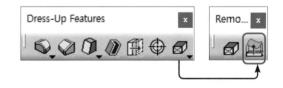

(2) Replace Face 화면창에서 대체할 면과 제거할 면을 MB1으로 선택한다.

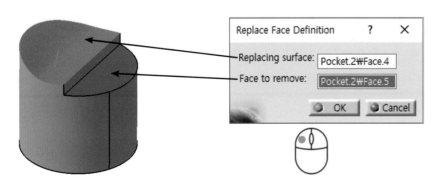

(3) 대체할 면에서 화살표 방향을 확인한다. 화살표 방향은 대체할 면의 내부 형상으로 향
해야 한다.

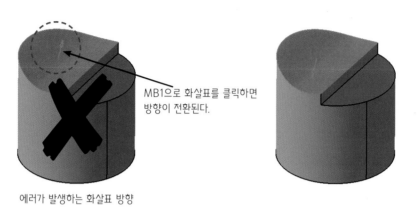

MB1으로 화살표를 클릭하면
방향이 전환된다.

에러가 발생하는 화살표 방향

(4) OK 버튼을 클릭하고, 최종 형상을 확인한다.

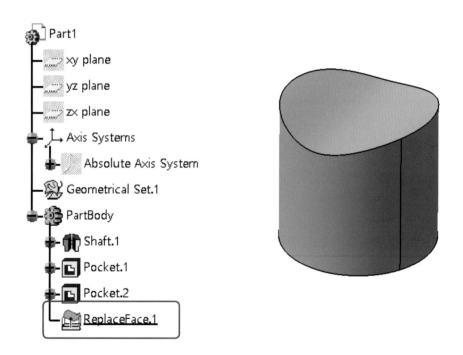

『네이버 카페 – CHAPER 5 복합 파트 디자인 : STEP 04 | Drees-Up Feature』 – 예제 및 모
델링 동영상 파일을 업로드하였다.

STEP 05 멀티-바디 디자인 (Multi-Body Design)

1. 멀티-바디 디자인(Multi-Body Design) 모델링 방법

복잡한 형상의 경우 하나의 PartBody 안에 여러 개의 Feature를 모델링하기 어렵기 때문에 여러 개의 PartBody를 사용하여 독립적으로 PartBody 모델링한 후에 불리언 연산(Boolean Operation)으로 하나의 PartBody로 결합한다.

위와 같은 방법으로 모델링을 하는 이유는 각각의 Partbody를 독립적으로 Show/Hide하면서 모델링을 하기 때문에 Feature를 수정하기 쉽고 효율적으로 설계 트리를 관리할 수 있다.

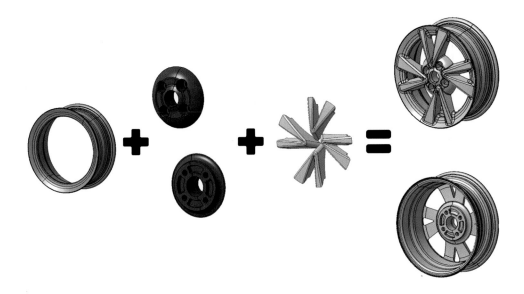

멀티-바디 디자인(Multi-Body Design)의 장점은 다음과 같다.

✓ 복잡한 파트의 경우 체계적인 트리 구조로 구성할 수 있다.

✓ Partbody에 있는 Feature를 독립적으로 Show/Hide 할 수 있다.

✓ 독립적으로 PartBody에 있는 지오메트리를 활성화/비활성화 할 수 있다.

✓ 여러 개의 PartBody를 생성하여 복잡한 지오메트리 형상을 쉽게 모델링할 수 있다.

✓ PartBody를 독립적인 계층 구조로 구성하면 쉽게 Featrue를 수정하여 업데이트할 수 있다.

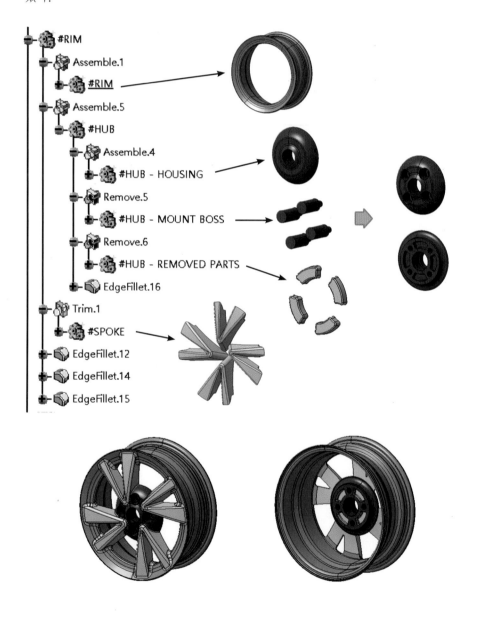

2. 작업 오브젝트 활성화(Define in work Object)

복잡한 부품의 경우 여러 개의 PartBody를 생성하여 모델링한다. 이때 해당 PartBody를 활성화할 때 'Define in work Object' 명령어를 사용한다.

PartBody를 'Define in work Object'로 활성화되면, 해당 PartBody에 Feature를 추가하여 생성할 수 있다. 여러 개의 PartBody를 불리언 연산(Boolean Operation)할 때 자주 사용한다.

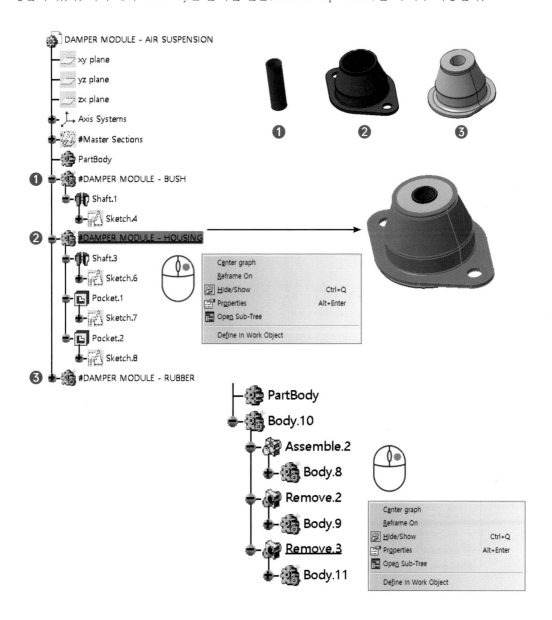

PartBody 아래에 있는 Feature를 수정할 때 해당 Featrue를 'Define in work Object'하여 수정할 수 있다.

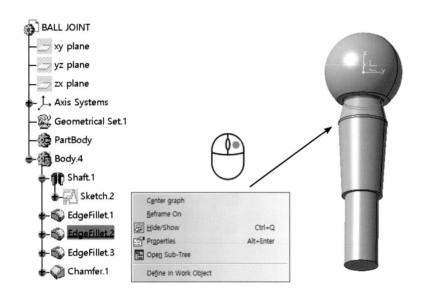

3. 파트바디(PartBody) 생성하기

불리언 연산(Boolean Operation) 명령어를 활용하여 멀티-비디 모델링을 하려면, 여러 개의 PartBody를 생성해야 한다. File - Insert - Body를 선택하면 설계 트리에서 PartBody를 추가할 수 있다.

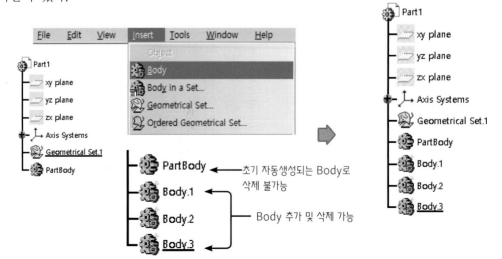

4. 불리언 연산(Boolean Opearation) 명령어 소개

불리언 연산(Boolean Opearation)은 복잡한 부품을 쉽게 모델링하거나 파트를 업데이트할 때 에러 없이 설계 변경하기 쉽게 설계 트리를 최적화하는 작업이다.

불리언 연산에서 기본적으로 사용하는 명령어는 6개로 구성되며, 주요 특징은 아래와 같다.

(1) Assembly: 솔리드 형상을 생성한 두 개의 PartBody 합침

(2) Add: 솔리드 형상을 생성한 두 개의 PartBody 더함

(3) Remove: 기존 Partbody에서 선택한 PartBody 뺌

(4) InterSect: 두 개의 PartBody에서 교차되는 부분만 생성

(5) Union Trim: 두 개의 PartBody를 합치는 명령어로 옵션
   항목에서 유지할 형상과 제거할 형상의 면을 선택

(6) Remov Lmup: Part Body에서 솔리드 형상이 연결되지
   않고 덩어리로 떨어져 있을 경우 해당 형상의 면을 선택
   하면 덩어리만 제거

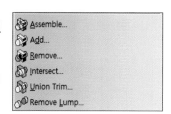

5. 파트바디 어셈블리(PartBody Assembly)

어셈블리(Assembly) 명령어는 두 개의 PartBody를 합쳐서 결합하고, 생성 방법은 아래와 같다.

(1) PartBody를 3개를 생성하고 각각의 PartBody에 독립적으로 모델링한다.

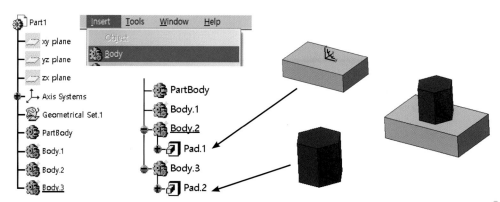

(2) Body.1에 MB3 버튼을 클릭하여 파트바디 활성화(Define in work Object)를 선택하면
해당 Body는 언더라인으로 표시되어 활성화된다.

(3) Body.2에 MB3 버튼을 클릭하면 하위 화면이 나타난다. 어셈블리(Assembly) 명령어를
MB1으로 클릭하여 어셈블리한 PartBody를 확인한다.

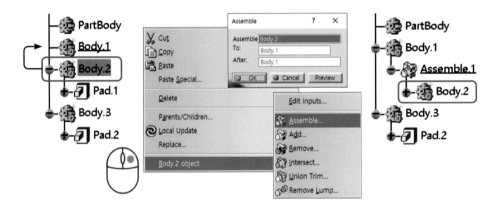

(4) Body.4에 MB3 버튼을 클릭하면 하위 화면이 나타난다. 어셈블리(Assembly) 명령어를
MB1으로 클릭하여 어셈블리한 최종 형상을 확인한다.

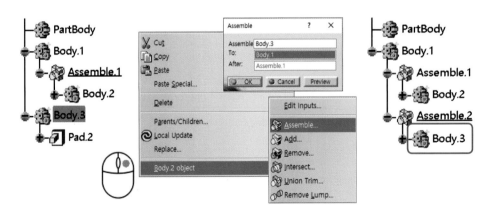

6. 파트바디 더하기(PartBody Add)

더하기(Add) 명령어는 두 개의 PartBody를 더해서 결합하고 생성 방법은 아래와 같다.

(1) Body.1에 MB3 버튼을 클릭하여 파트바디 활성화(Define in work Object)를 선택하면
해당 Body는 언더라인으로 표시되어 활성화된다.

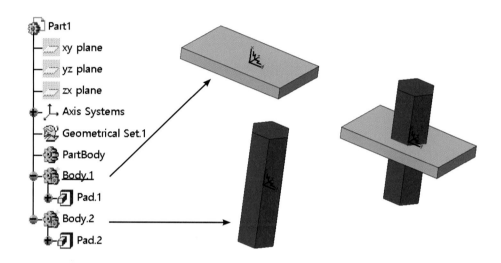

(2) Body.2에 MB3 버튼을 클릭하면 하위 화면이 나타난다. 더하기(Add) 명령어를 MB1으
로 클릭하여 더해진 PartBody를 확인한다.

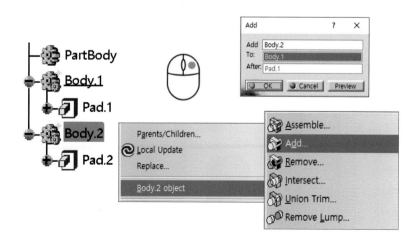

(3) PartBody를 더하기한 최종 형상을 확인한다.

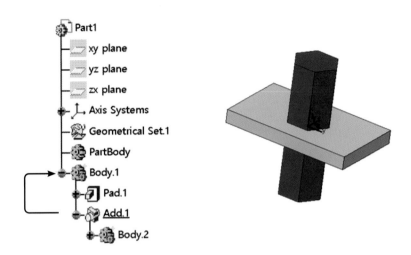

7. 파트바디 빼기(PartBody Remove)

빼기(Remove) 명령어는 기존 PartBody에서 다른 PartBody를 빼서 결합하고, 생성 방법은
아래와 같다.

(1) Body.1에 MB3 버튼을 클릭하여 파트바디 활성화(Define in work Object)를 선택하면
해당 Body는 언더라인으로 표시되어 활성화된다.

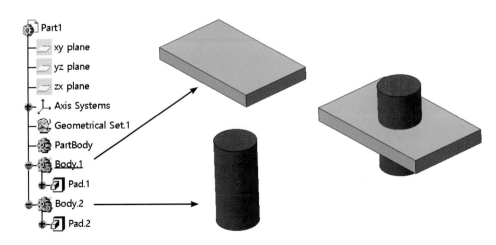

(2) Body.2에 MB3 버튼을 클릭하면 하위 화면이 나타난다. 빼기(Remove) 명령어를 MB1
으로 클릭하여 제거된 PartBody를 확인한다.

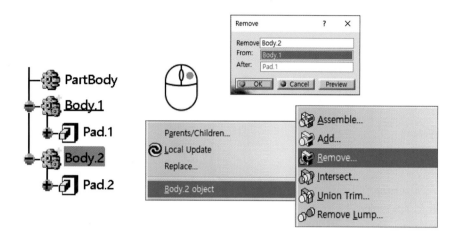

(3) PartBody를 제거한 최종 형상을 확인한다.

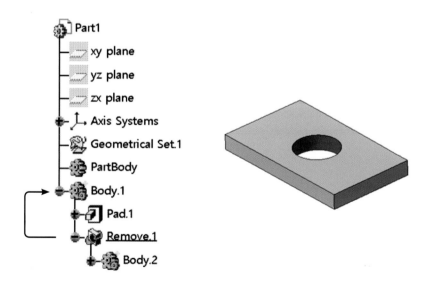

8. 파트바디 교차(PartBody Intersect)

교차(Intersect) 명령어는 두 개의 PartBody가 교차되어 결합하고, 생성 방법은 아래와 같다.

(1) Body.1에 MB3 버튼을 클릭하여 파트바디 활성화(Define in work Object)를 선택하면 해당 Body는 언더라인으로 표시되어 활성화된다

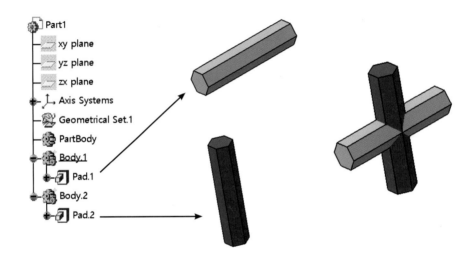

(2) Body.2에 MB3 버튼을 클릭하면 하위 화면이 나타난다. 교차(Intersect) 명령어를 MB1 으로 클릭하여 교차된 PartBody를 확인한다.

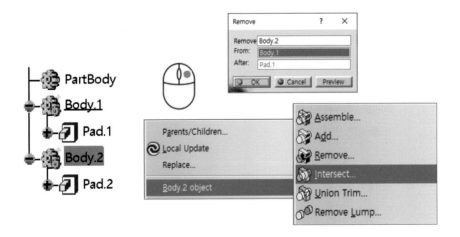

(3) 두 개의 PartBody가 교차(Intersect)된 최종 형상을 확인한다.

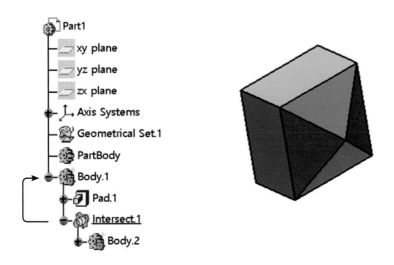

9. 파트바디 트림(PartBody Union Tim)

트림(Union Tim) 명령어는 두 개의 PartBody를 유지할 형상과 제거할 형상을 선택해서 결합하고, 생성 방법은 아래와 같다.

(1) Body.1에 MB3 버튼을 클릭하여 파트바디 활성화(Define in work Object)를 선택하면 해당 Body는 언더라인으로 표시되어 활성화된다.

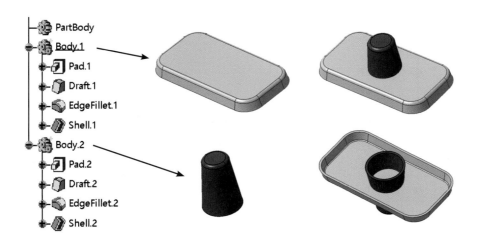

(2) Body.2에 MB3 버튼을 클릭하면 하위 화면이 나타난다. 조합(Union Tim) 명령어를
　　MB1으로 클릭한다.

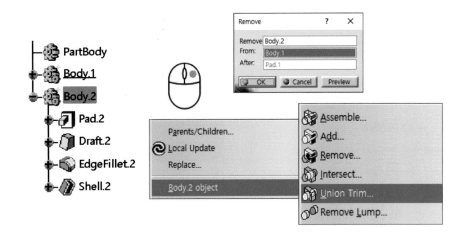

(3) 두 개의 PartBody에서 제거할 면을 선택하면 나머지 파트는 합쳐진 형상으로 생성된다.

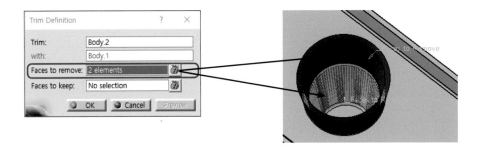

(4) 두 개의 PartBody의 트림(Union Tim)된 최종 형상을 확인한다.

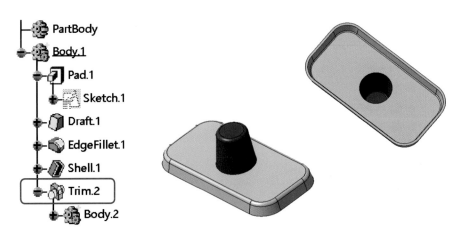

10. 파트바디 조각 빼기(PartBody Remove Lump)

조각 빼기(Remove Lump) 명령어는 PartBody에서 솔리드 형상이 연결되지 않는 덩어리를 제거하고, 생성 방법은 아래와 같다.

(1) Body.1에 MB3 버튼을 클릭하여 파트바디 활성화(Define in work Object)를 선택하면 해당 Body는 언더라인으로 표시되어 활성화된다.

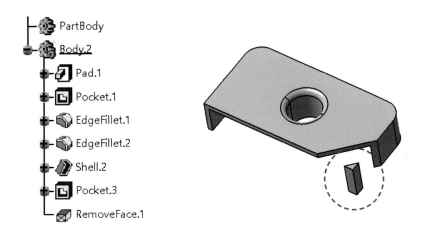

(2) Body.2에 MB3 버튼을 클릭하면 하위 화면이 나타난다. 조각 빼기(Remove Lump) 명령어를 MB1으로 클릭한다.

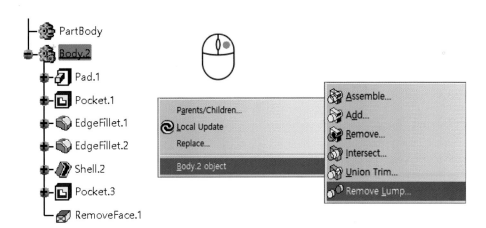

(3) Body.2에서 제거할 면을 선택하고 OK 버튼을 클릭한다.

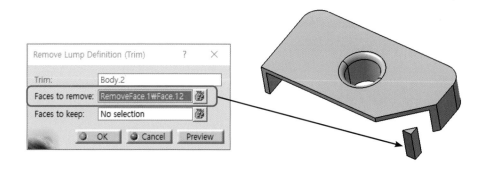

(4) PartBody에서 조각으로 된 형상이 제거된다.

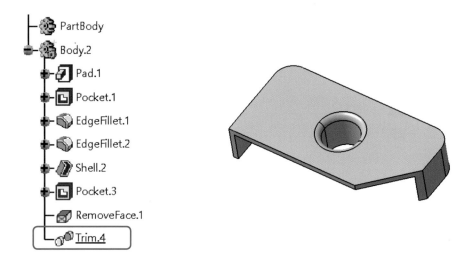

11. 파트바디 교체(PartBody Replace)

파트바디를 불리언 연산을 통해 모델링하고 수정을 할 때, 다른 파트바디로 교체할 수 있다. 교체하는 방법은 아래와 같다.

(1) 불리언 연산을 통해서 파트바디를 구성할 때, 기존 파트바디를 다른 파트바디로 교체를 할 수 있다.

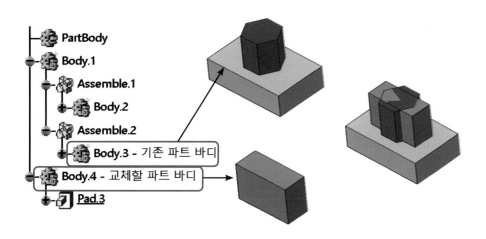

(2) Body.3 - 기존 파트바디에 MB3 버튼을 클릭하면 하위 화면이 나타난다. 교체(Replace) 명령어를 MB1으로 클릭한다.

(3) Replace 화면창에서 Body.4 - 교체할 파트바디를 선택한다.

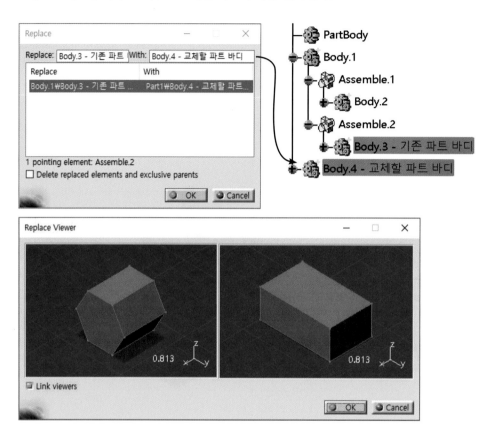

(4) OK 버튼을 클릭하고 최종 형상을 확인한다.

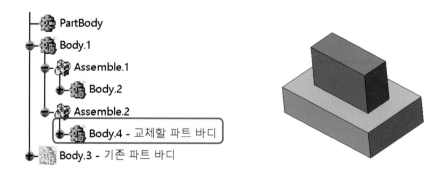

12. 불리언 연산(Boolean Opearation) 명령어 교체

파트바디를 불리언 연산 통해 모델링할 때, 불리언 연산 명령어 타입을 변경할 수 있다. 변경하는 방법은 아래와 같다.

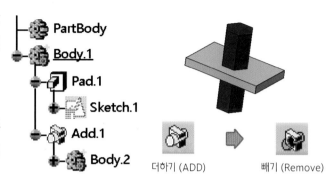

(1) 파트바디를 불리언 연산 - 더하기(ADD)로 구성된 파트바디를 빼기(REMOVE)로 변경하려고 한다.

(2) Add.1을 MB3 버튼을 클릭하면 하위 화면이 나타난다. 변경할 불리언 연산 - 빼기 (Remove) 명령어를 MB1으로 클릭한다.

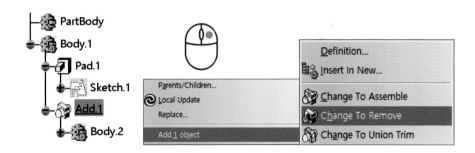

(3) 파트바디 형상을 빼기(Remove)로 변경하고 최종 형상을 확인한다.

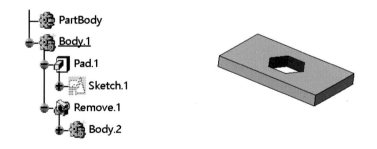

『네이버 카페 - CHAPER 5 복합 파트 디자인 : STEP 05 | Multi-Body Design』 - 예제 및 모델링 동영상 파일을 업로드하였다.

Chapter **6**

어셈블리 디자인

STEP 01 어셈블리 디자인 (Assembly Design) 소개

1. 어셈블리 디자인(Assembly Design) 소개

어셈블리는 CATIA로 설계된(Part나 다른 Assembly) 파일을 조합하는 워크벤치이다. Assembly 확장자는 *****.CATProduct로 저장된다. 어셈블리 컴포넌트는 생성된 파일을 불러오거나 새로 만들어서 구성할 수 있다.

어셈블리의 경우 파트 디자인과 같이 설계 트리로 구성되며, 설계 트리 안에 새로운 컴포넌트를 추가하여 구속 조건을 생성한다.

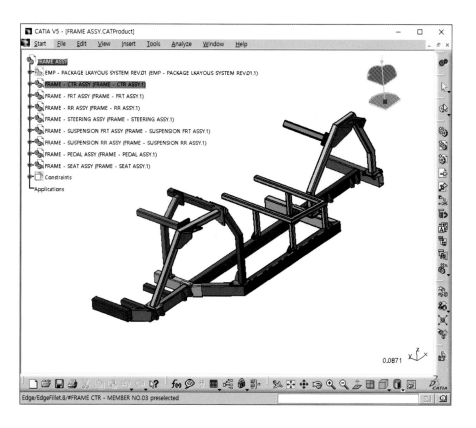

어셈블리 워크벤치에서 사용되는 용어는 아래와 같다.

Assembly: Assembly는 여러 컴포넌트의 조합을 나타낸다.
확장자는 *.CATProduct이다.
Assembly는 Product라고 부르기도 한다.

Active Item: 수정하고자 하는 컴포넌트를 활성화한다.
Item을 활성화하기 위해서는 해당 컴포넌트를 더블클릭한다. 활
성화된 컴포넌트는 주황색으로 표현된다.

FRAME ASSY
　　FRAME - CTR ASSY (FRAME - CTR ASSY.1)
　　FRAME - FRT ASSY (FRAME - FRT ASSY.1)
　　FRAME - RR ASSY (FRAME - RR ASSY.1)
　　FRAME - STEERING ASSY (FRAME - STEERING ASSY.1)
　　FRAME - SUSPENSION FRT ASSY (FRAME - SUSPENSION FRT ASSY.1)
　　FRAME - SUSPENSION RR ASSY (FRAME - SUSPENSION RR ASSY.1)
　　FRAME - PEDAL ASSY (FRAME - PEDAL ASSY.1)
　　FRAME - SEAT ASSY (FRAME - SEAT ASSY.1)
　　Constraints
　Applications

Component: Assembly에 다른 컴포넌트 (Part,
Sub-Assembly)을 추가하여 구성된 조합을 말한다.

Instances: 어셈블리에 구성된 컴포넌트는 개별적으로 Instance로 구성된
다. 예를 들어, 어셈블리에 같은 파일이 2개 구성되면 파일의 Instance는 다
른 숫자로 구성된다. 어셈블리 안에 두 개의 같은 컴포넌트가 있을 때 동일한
Instance number가 구성될 수 없다.

Part Number: 어셈블리에서 Part 파일을 구분할 수 있다. 파트 넘버는 파트
네임과 같게 구성한다, 그러나 다른 이름으로 구성할 수도 있다.

2. 어셈블리 디자인(Assembly Design) 화면 구성

어셈블리 디자인 워크벤치 화면 구성은 다음과 같다.

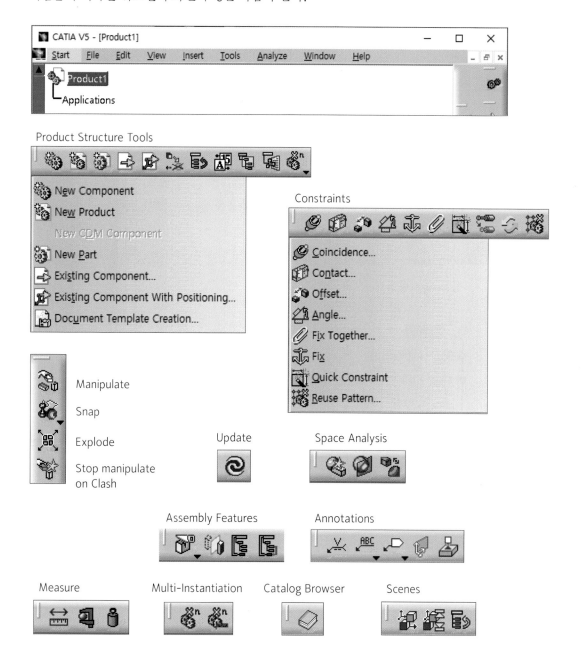

3. 어셈블리 디자인(Assembly Design) 명령어 설명

어셈블리 디자인 워크벤치 명령어에 대한 설명은 아래와 같다.

Product: CATIA Assembly의 최상위 레벨로 아래에 또 다른 Product, Part, 기타 Component를 가질 수 있다.

Instance: 부품과 파트를 연결해 주는 가상적인 매개체로 두 가지 역할을 한다.
① 부품의 새로운 좌표 부여   ② 부품을 구별하기 새로운 이름 부여

Part: Assembly에서 최하위 레벨로 다른 부품을 올 수는 없다.

Component: 어셈블리로 저장할 수 없는 요소로 다른 컴포넌트나 파트를 불러와 구성할 때 사용한다.

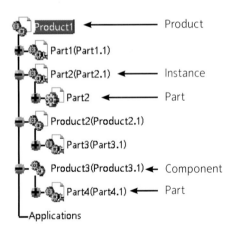

SAME PART는 동일한 부품이다.

Part Name은 SAME PART 동일하나 Instances는 SAME PART.1 /0.2와 같이 다르게 구성된다.

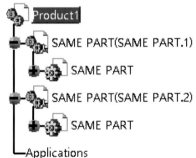

Componen: 선택한 프로덕트 안에 새로운 컴포넌트를 생성한다.

Product: 상위 프로덕트 안에 새로운 프로덕트를 생성한다.

Part: 선택한 프로덕트나 컴포넌트 안에 새로운 Part를 생성한다.

Existing Component: 선택한 프로덕트 안에 컴포넌트나 파트를 불러와서 추가할 수 있다.

Replace Component: 선택한 프로덕트나 파트를 다른 프로덕트로 교체한다.

Graph tree Reordering: 설계 트리에서 부품의 순서를 재배치한다.

Generate Numbering: 파트들의 Instance Number를 생성한다.

Selective Load: 프러덕트를 활성화(Load)한다.

Manage Representations: 컴포넌트의 이름, 활성화(Activate) 등을 편집한다.

Fast Multi Instantiation: 선택한 컴포넌트를 여러 개 추가한다.

Define Multi Instantiation: 선택한 컴포넌트를 정의한 값에 의해 여러 개 추가한다.

Products selection: 마우스로 선택할 때 파트만 선택되게 한다.

Split: 선택한 파트의 서피스를 사용하여 한 번에 여러 개의 파트를 자른다.

Symmetry: 선택한 컴포넌트를 선택한 평면(Plane)에 대칭시켜서 새로운 컴포넌트를 생성한다.

Hole: 여러 개의 파트에 구멍을 생성한다.

Pocket: 여러 개의 파트에 빼기 형상을 생성한다.

Add: 선택한 컴포넌트의 Body를 여러 개의 파트에 합친다.

Remove: 선택한 컴포넌트의 Body를 여러 개의 파트에 제거한다.

Weld Feature: 선택한 컴포넌트에 용접 사양에 대한 기호(Welding Specification)를 생성한다.

Text: 선택한 컴포넌트에 메모를 생성한다.

Flag Note with Leader: 선택한 컴포넌트에 URL이나 파일 Link를 생성한다.

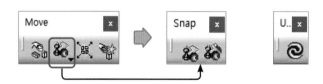 Clash: 컴포넌트 파트와 간섭 체크를 한다.

Sectioning: 어셈블리에서 Section Plane으로 잘라서 단면을 확인하여 부품들 간에 간섭 여부를 확인한다.

Distance and Band Analysis: 부품 사이의 최소 거리를 보여 준다.

Manipulate: 선택한 컴포넌트를 마우스로 이동, 회전시킨다.

Snap: 컴포넌트와 컴포넌트를 선택해서 위치와 방향을 움직인다.

Smart Move: Manipulate와 Snap 기능이 결합된 명령이다.

Explode: 어셈블리에서 생성한 구속 조건을 고려해서 파트는 분해한다.

Manipulation on Clash: 컴포넌트를 이동하거나 움직일 때 충돌이 발생하면 이동을 정지하는 것을 제어하는 명령어이다.

Update: 어셈블리를 부여한 구속 조건을 생성하거나 변경할 때 업데이트된다.

Coincidence Constraint: 두 개의 컴포넌트 사이에 line과 line, point와 point, 면과 면을 일치시키는 구속 조건을 부여한다.

Contact Constraint: 두 개의 컴포넌트 사이에 면과 면을 접촉시켜 일치시키는 구속 조건을 부여한다.

Offset Constraint: 두 개의 컴포넌트 사이에 입력한 값을 오프셋 거리를 유지하는 구속 조건을 부여한다.

Angle Constraint: 두 개의 컴포넌트 사이에 각도에 대한 구속 조건을 부여한다.

Fix: 선택한 컴포넌트를 움직이지 않게 고정시키는 구속 조건을 부여한다.

Fix Together: 여러 개의 컴포넌트를 고정시키는 구속 조건을 부여한다.

Quick Constraint: 두 개의 컴포넌트 사이에 우선순위가 높은 구속 조건을 생성한다.

Flexible Sub-Assembly: Sub-Assembly의 컴포넌트를 이동하거나 움직일 수 있게 한다.

Change Constraint: 생성한 구속 조건을 다른 구속 조건으로 변경할 수 있다.

Reuse Pattern: Part Design에서 사용한 Pattern에 맞도록 선택한 컴포넌트를 복사하여 생성한다.

4. 어셈블리 디자인(Assembly Design) – 설계 요구 사항

단품을 어셈블리할 때는 아래 규칙을 따라서 구성하면 어셈블리 설계 트리를 효과적으로 관리할 수 있다.

✓ 첫 번째 컴포넌트는 고정(Fix)되어야 한다.

CATIA에서 첫 번째 컴포넌트를 고정하는 것은 필수는 아니지만 기준이 되는 파트를 절대 좌표에 고정시키기 위해 추천한다.

✓ 모든 구성 부품은 완전히 구속되어야 한다.

구성 부품이 완전히 구속되었을 경우, 업데이트 시 원하지 않은 변경 및 이동 등의 에러가 발생하지 않는다.

✓ 복사 툴바(Duplication Tools)에 있는 명령어를 사용한다.

재사용되는 부품은 복사 툴바의 명령어 사용하여 설계 시간을 줄일 수 있다.

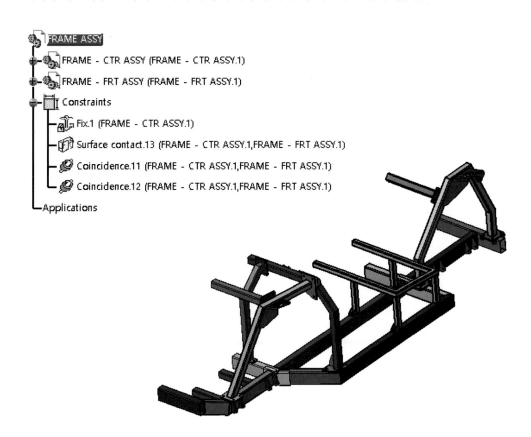

어셈블리 디자인 프로세스

❶ 워크벤치에서 Assembly Design을 생성한다.

❷

❸

각 컴포넌트의 위치를 조정해서
위치시키고 고정시킨다.

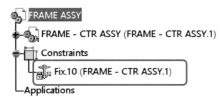

❹

다른 컴포넌트를 어셈블리하고,
각 부품들을 완전히 구속시킨다

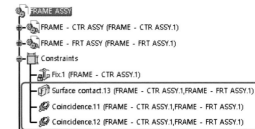

❺

업데이트한다.

❻ 어셈블리를 저장한다.

5. 프로덕트(Product) 생성하기

Assembly 워크벤치에서 새로운 어셈블리 파일을 생성할 수 있고, CATIA에서는 Assembly 를 프로덕트로 부른다.

워크벤치에서 생성하는 세 가지 방법이 있다.

(1) Start menu - Mechanical Design - Assembly Design 클릭

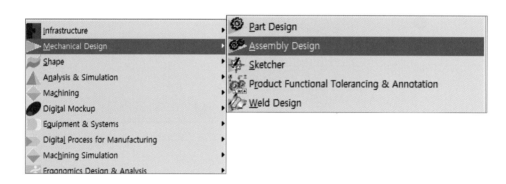

(2) File - New menu - Product 클릭

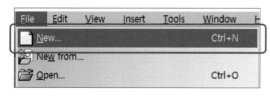

(3) New menu - Product 클릭

6. 프로덕트 속성(Product Properties)

프로덕트의 속성 정보를 정의하기 위한 절차는 아래와 같다

❶ 설계 트리에 있는 프러덕트에 MB3 버튼을 클릭하고 Properties를 선택한다.

❷ 프로덕트 항목에 MB1 버튼으로 선택한다.

❸ Part Number 항목란에 파일 이름을 입력한다.

❹ Properties 박스창을 닫기 위해서 OK 버튼을 클릭한다.

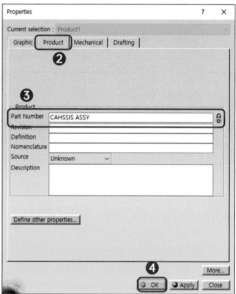

7. 프로덕트에서 새 컴포넌트 생성하기

프로덕트에서 컴포넌트를 추가하는 방법은 3가지가 있다.

(1) Contextual menu

Product를 MB3 버튼으로 클릭하면 하위 메뉴가 나타나면 원하는 컴포넌트 파일을 불러올 수 있다. 이 방법은 빠르게 컴포넌트를 추가할 수 있다.

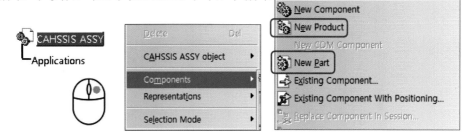

(2) Product Structure Toolbar

툴바에 있는 아이콘을 선택하고, 설계 트리에 있는 프로덕트를 선택한다.

(3) Insert Menu

설계 트리에서 프로덕트를 선택하고, Insert Menu에 있는 명령어를 선택한다.

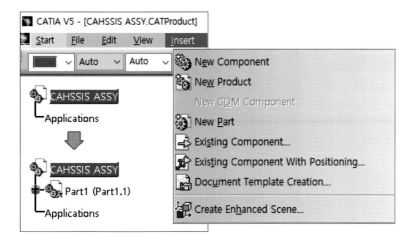

8. 프로덕트에서 기존 컴포넌트 불러오기

최상위 프로덕트에서 기존에 생성한 Part나 Assembly 컴포넌트를 불러오는 방법은 3가지가 있다.

(1) 프로덕트에서 MB3를 클릭한 후 Components - Existing Componet 선택

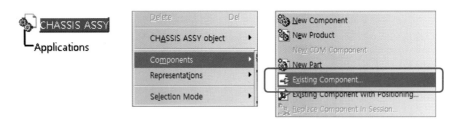

(2) Product Structure Toolbar에서 Existing Componet 아이콘을 클릭한 후 설계 트리에서 프로덕트를 선택

(3) 설계 트리에서 프로덕트를 선택하고, Insert Menu에서Existing Componet 아이콘을 선택

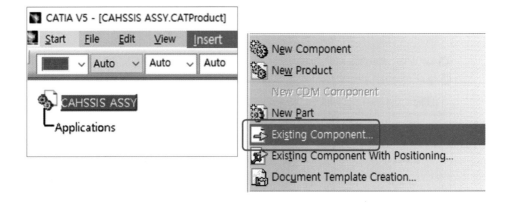

프로덕트에서 컴포넌트를 불러오는 방법은 아래와 같다

❶ Existing Component 아이콘 선택한다.

❷ File Selection 창에서 파일을 선택한다.

❸ 선택한 파일을 선택한다.

❹ 프로덕트에 추가하여 컴포넌트를 불러온다.

9. 프로덕트 안에 있는 컴포넌트 속성 정의하기

프로덕트는 컴포넌트를 삽입할 수 있고 속성 정보를 정의할 수 있다. 처음 불러들인 컴포넌트는 설계 트리에 파트 넘버와 Instance name이 같은 이름으로 설정된다.

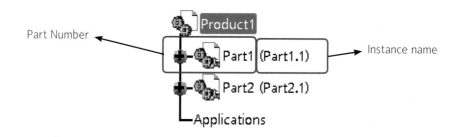

옵션에서 아래 절차를 통해 설계 트리에서 컴포넌트의 속성 정보를 설정할 수 있다.

❶ Tools - Options을 클릭

❷ Infrastructure - Product Structure 항목을 클릭

❸ Nodes Customization 탭을 클릭

❹ Product Instance, reference loaded항목을 선택

❺ Configure를 클릭

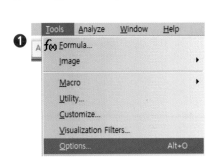

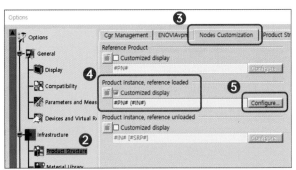

❻ Configure customized display 화면창에서 옵션을 설정할 수 있다.

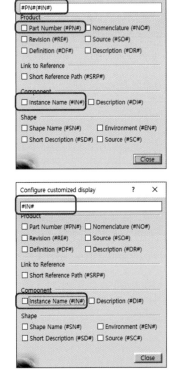

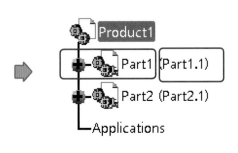

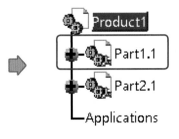

❼ Close 버튼을 클릭한다.

불러온 컴포넌트의 속성 정보는 수정할 수 있고 방법은 아래와 같다.

❶ 불러온 컴포넌트를 MB3 버튼으로 클릭한다.

❷ 하위 화면에서 Properties 클릭한다.

❸ Instance name 항목에서 정보를 수정한다.

❹ OK 버튼을 클릭한다.

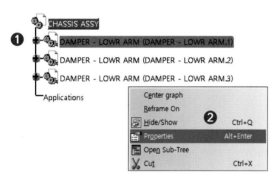

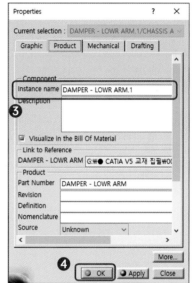

10. 프로덕트 저장

프로덕트와 관련된 다큐먼트 파일을 저장하는 방법은 4가지가 있다.

❶ Save는 선택되어 활성화된 파일을 저장한다.

❷ Save As는 파일명과 폴더를 지정하여 저장할 수 있다.

❸ Save All는 CATIA 화면에 열린 모든 파일을 저장한다.

❹ Save management는 개별 파일의 이름과 폴더를 지정하여 저장한다.

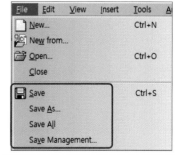

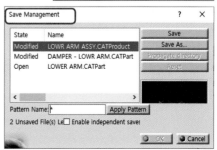

다양한 Save 옵션을 활용할 수 있고, 파일을 수정할 경우 저장 옵션이 활성화된다.

✓ Save As: 프로덕트에서 파일 이름과 폴더를 변경해서 저장할 수 있다. 사용자가 처음에 만든 파일에 고유 이름을 부여할 수 있다.

파일을 Save As로 저장하는 방법은 아래와 같다.

❶ 저장하기 위한 파일을 활성화시킨다. 활성화된 파일(*.CATProduct, *.CATPart)을 저장할 수 있다.

❷ File - Save As를 클릭한다.

❸ 저장할 폴더와 파일 이름을 입력한다.

❹ Save 버튼을 클릭한다.

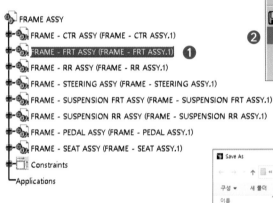

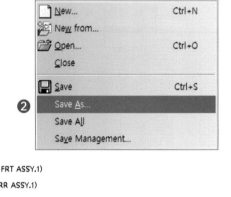

✓ Save All: 프로덕트에서 파트 엘리먼트를 수정하거나 파일명을 변경했을 경우 한 번에 쉽게 저장할 수 있다. 프로덕트에서 해당 파일을 활성화하지 않아도 수정된 모든 파일은 저장된다.

파일을 Save All 저장하는 방법은 아래와 같다.

❶ File - Save All을 클릭한다

❷ Save All 화면창에서 변경된 파일을 확인할 수 있다.

❸ OK 버튼을 클릭하면 Save All이 실행되어 저장된다.

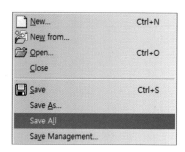
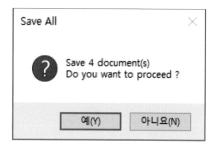

✓ Save Management: 프로덕트에서 수정하거나 링크로 연결된 파일을 각각의 파일 이름
과 폴더를 지정해서 저장할 수 있다.

파일을 Save Save Management로 저장하는 방법은 아래와 같다.

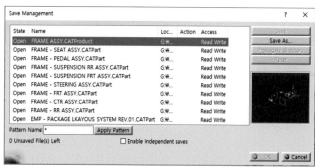

『네이버 카페 – CHAPER 6 어셈블리 디자인 : STEP 01 | 어셈블리 디자인 소개』 – 예제 및 모
델링 동영상 파일을 업로드하였다.

1. 컴퍼스(Compass) 사용하기

프로덕트에 컴포넌트를 불러온 후에 Compass를 사용하여 자유롭게 회전, 이동과 같이 원하는 방향으로 움직일 수 있다.

(1) 전체 프로덕트를 Compass를 선택하여 X축 방향으로 이동시키거나 회전시킬 수 있다.
*.CATPart나 * CATProduct는 이동된 위치는 저장되지 않고 단지 뷰 방향만 변경한다.

(2) 이동시키고자 컴포넌트에 Compass를 위치시켜 원하는 방향으로 이동하거나 회전시킬 수 있다. 이때 위치 정보는 구속 조건이 부여되지 않은 상태이나, CATProduc에 이동시킨 위치 정보는 저장된다.

2. 컴퍼스(Compass)를 사용하여 컴포넌트 이동하기

컴퍼스(Compass)를 사용하여 컴퍼넌트를 이동하는 방법은 아래와 같다.

(1) 이동시킬 컴포넌트에 Compass를 위치시킨다.

(2) 이동 및 회전을 할지 선택하고 Compass에 마우스
커서를 위치시킨다. Compass와 컴포넌트가 활성
화되면 원하는 방향으로 이동시킨다.

✓ 축을 따라 이동하기

✓ 플랜을 따라 이동하기

✓ 축을 따라 회전하기

(3) Compass 원점을 기준으로 회전하기

3. 스냅(Snap)

Compass 대신 컴포넌트를 이동할 수 있는 다른 방법은 Snap 아이콘을 사용하여 움직일 수
있다.

Snap은 선택된 컴포넌트의 기능적인 연관성에 의해 이동시킨다.

❶ Move Toolbar에서 ![icon] 아이콘을 선택한다.

❷ Damper Module의 윗면을 선택한다.

❸ Frame의 플랜지 아랫면을 선택한다.

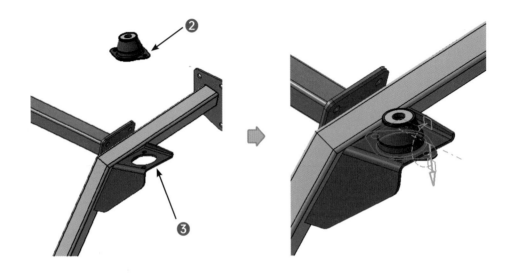

4. 컴포넌트 고정하기(Fix Component)

프로덕트에서 처음 불러오는 컴포넌트는 기준이 될 수 있는 파트여야 한다. 초기 불러온 파트는 구속 조건 없이 임의의 공간상에 위치된 상태이며 Constraint 툴바에서 ![icon] 아이콘을 사용하여 고정해야 한다.

프로덕트에서 고정된 파트를 기준으로 다른 컴포넌트가 어셈블리 된다. 3차원 공간에서 Fix 로 고정된 컴포넌트는 다른 부품들을 구속하기 위해 이동시켜도 원래의 위치로 다시 돌아온다.

컴포넌트에 Fix 명령어로 고정하는 방법은 아래와 같다.

❶ Constraints 툴바에서 ⚓ 아이콘을 선택한다.

❷ 설계 트리에서 컴포넌트를 선택한다.

❸ 프로덕트 3차원 공간에 선택된 파트를 고정한다.

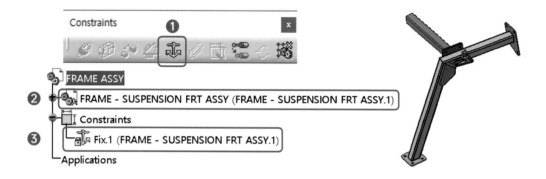

기준이 되는 컴포넌트는 고정한 후, 프로덕트 3차원 공간에서 임의로 움직여도 Update 아이콘을 클릭하면 고정된 위치 정보로 되돌아간다.

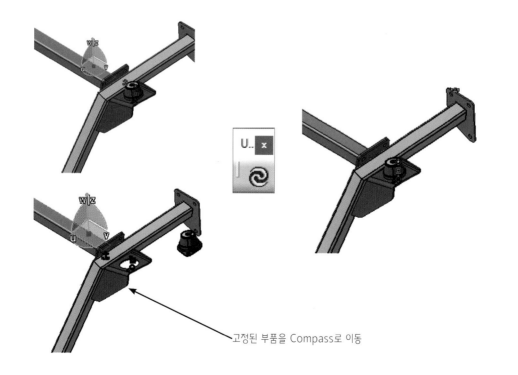

고정된 부품을 Compass로 이동

프로덕트에서 기준이 되는 파트를 불러와서 Constraints 툴바에 구속 조건은 ⚓ 아이콘만 활성화된다. 처음에 불러들인 첫 번째 파트는 반드시 고정시켜야 되며, 그렇지 않을 경우 컴포넌트를 이동시킬 때마다 위치 정보가 수정된다.

컴포넌트를 고정하는 방법은 아래와 같다.

❶ Constraints 툴바에서 ⚓ 아이콘을 선택한다.

❷ 설계 트리에서 Fix 구속조건을 더블클릭한다.

❸ Constraint Definition 창에 More 버튼을 클릭한다.

❹ Fix in Space를 비활성화 하기 위해 항목란을 선택 해제한다.

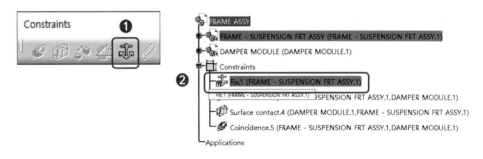

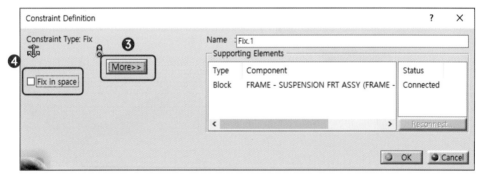

Fix in Space 항목을 비활성화하면 기준이 되는 컴포넌트와 상대 부품은 구속 조건에 따라 고정된다. 그러나 기준이 되는 파트를 Compass를 이용해 움직이면 프로덕트 3차원 공간 내에서 위치 정보가 변경된다.

❶ 고정시킨 컴포넌트를 Compass를 사용하여 새로 위치시킨다.
  기준이 되는 부품과 구속시킨 상대 부품은 구속 조건에 맞게 고정된다.
❷ 업데이트를 하면 기준이 되는 부품과 상대 부품의 프로덕트 3차원 공간 내에서 위치가 변경된 걸 확인할 수 있다.

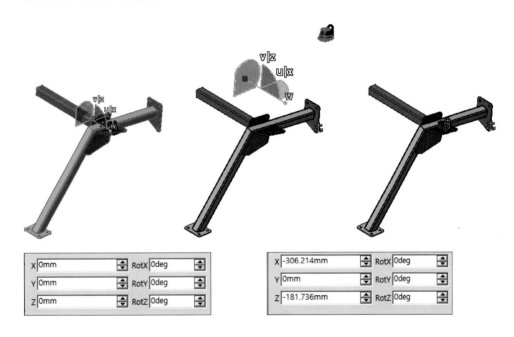

x	0mm	RotX	0deg
y	0mm	RotY	0deg
z	0mm	RotZ	0deg

x	-306.214mm	RotX	0deg
y	0mm	RotY	0deg
z	-181.736mm	RotZ	0deg

5. 설계 트리(Specification Tree)

설계 트리는 컴포넌트들의 조합을 나타낸다. 프로덕트 안에 컴포넌트는 ***.CATPart, ***.CATProduct로 새로 만들거나 불러올 수 있다. 컴포넌트는 IGES, STEP, VRML 등의 파일 확장자를 불러들여서 구성할 수 있다.

다음은 프로덕트의 설계 트리에 대해 설명하였다.

❶ Assembly는 최상위 프로덕트이다.

❷ CATProduct 확장자로 구성된 Sub-Assembly 파일이며 외부로 열어서 파일을 확인할 수 있다.

❸ CATProduct 파일 안에만 존재하는 Sub-Assembly 파일이 파일은 외부로 열어서 확인을 할 수 없다.

❹ *.CATPart로 이루어진 컴포넌트 부품이다.

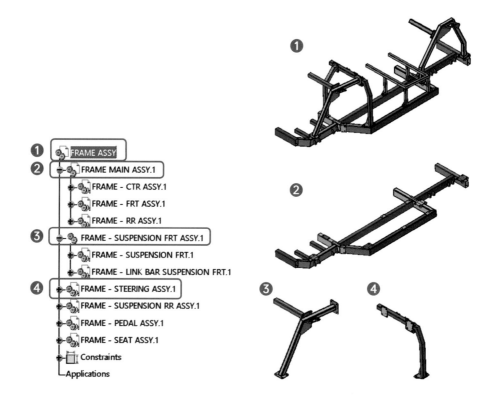

6. 프로덕트 컴포넌트 재정렬(Graph Tree Reordering)

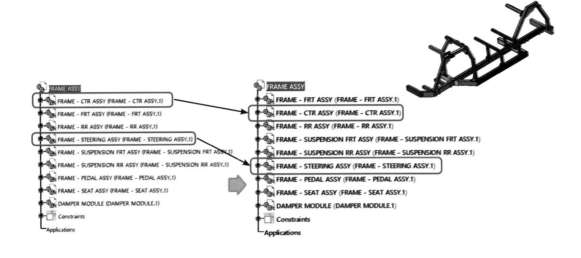

Graph Tree Reordering 아이콘은 설계 트리에서 원하는 순서와 구조로 컴포넌트를 재정렬 시킬 수 있다.

❶ Product Structure Tools 바에 있는 Graph Tree Reordering 아이콘을 선택한다.

❷ 컴포넌트를 재정렬할 Product를 선택한다.

❸ 재정렬할 컴포넌트를 선택한다.

❹ 화살표(위/아래)를 클릭하여 원하는 위치로 이동시킨다.

❺ OK 버튼을 클릭한다.

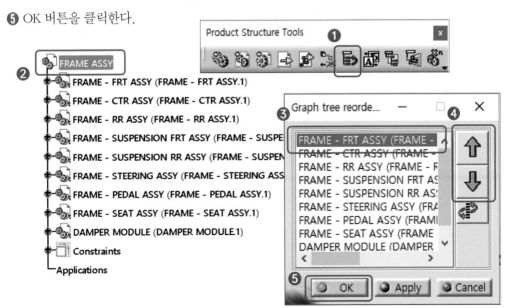

7. 컴포넌트 복사 및 붙여넣기

프로덕트는 하나 이상의 컴포넌트로 구성되어야 하며 동일한 부품의 경우 복사 및 붙여넣기 옵션을 사용하여 컴포넌트를 쉽게 복사할 수 있다.

❶ 복사할 컴포넌트를 MB3 버튼으로 클릭한다.

❷ 하위 메뉴 화면에서 Copy를 클릭한다.

❸ 설계 트리에서 프로덕트를 선택하고 MB3 버튼으로 클릭한다.

❹ 하위 메뉴 화면에서 Paste를 클릭한다.

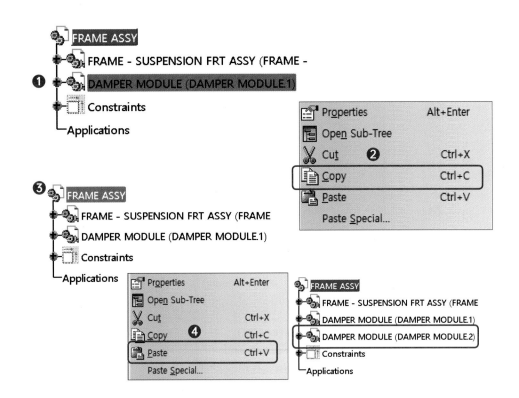

8. 컴포넌트 복사 및 붙여넣기 옵션 설정

컴포넌트를 복사 및 붙여넣기를 할 때, 구속 조건 포함 여부를 옵션을 통해 선택할 수 있다.

❶ Tools - Options 선택한다.

❷ Options - Mechanical Design - Assembly Design을 클릭한다.

❸ Constraints 항목을 선택한다.

❹ Paste components 옵션 항목 중에서 Without the assembly constraints를 선택한다.

컴포넌트를 복사할 때 어셈블리에서 생성한 구속 조건 없이 복사하고 원하는 위치에 쉽게
이동시키기 위해서는 아래 옵션 설정으로 변경한다.

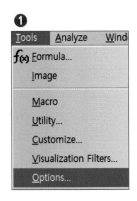

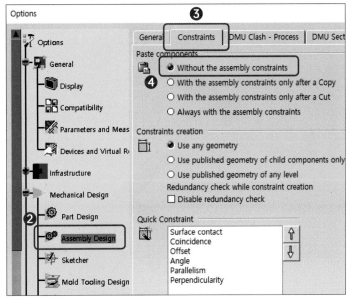

9. N개의 컴포넌트 복사하기

컴포넌트를 Multi Instantiation 명령어를 사용하여 선을 따라가면서 여러 개를 한 번에 복사할 수 있다.

❶ Multi Instantiation 아이콘을 클릭한다.

❷ 복사할 컴포넌트를 선택한다.

❸ 복사할 컴포넌트의 개수와 간격을 입력한다.

❹ 구성 부품에서 복사할 기준 축(엣지)을 선택하거나, Axis X, Y, Z를 선택한다.

❺ OK 버튼을 클릭하고 복사된 컴포넌트를 확인한다.

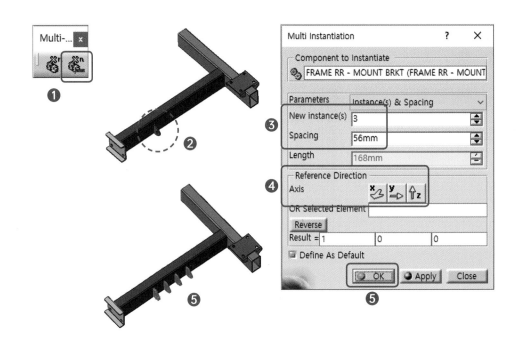

10. 컴포넌트 패턴(Reuse Pattern)

Reuse Pattern 명령어는 컴포넌트와 구속조건을 자동으로 여러 개 복사할 때 사용한다. Reuse Pattern 아이콘을 선택하면, Instantiation on a pattern 창이 나타난다.

Keep Link with the Pattern 옵션을 선택하면, 기존 컴포넌트와 패턴으로 복사한 컴포넌트가 구속 조건의 관계로 구성된다. 화면창에서 Pattern의 이름과 생성된 파트가 정보가 나타난다.

원본 파트 패턴으로 복사하는 방법은 3가지 있다.

❶ With the re-use the original component option:

　원본 컴포넌트는 패턴 안에 포함되어 있고, 설계 트리에 같은 위치로 나타난다.

❷ With the create a new instance option:

　원본 컴포넌트는 설계 트리에 그대로 있고, 같은 위치에 패턴으로 복사한 컴포넌트가 새로 생성된다.

❸ With the cut and paste the original component option:

　원본 컴포넌트는 패턴 안에 첫 번째 구성 부품이 되고, 설계 트리에서 움직이거나 이동할 수 있다.

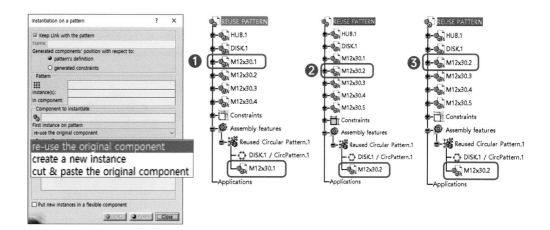

11. 컴포넌트 패턴(Reuse Pattern) 생성하기

Reuse Pattern을 사용하여 여러 개의 컴포넌트를 쉽고 빠르게 복사할 수 있으며 방법은 아래와 같다.

❶ Reuse Pattern 아이콘을 클릭한다.

❷ 패턴으로 생성할 컴포넌트를 선택한다.

❸ 설계 트리에서 DISK 파트에서 생성한 Circularpattern 명령어를 클릭한다.

❹ OK 버튼을 클릭한다.

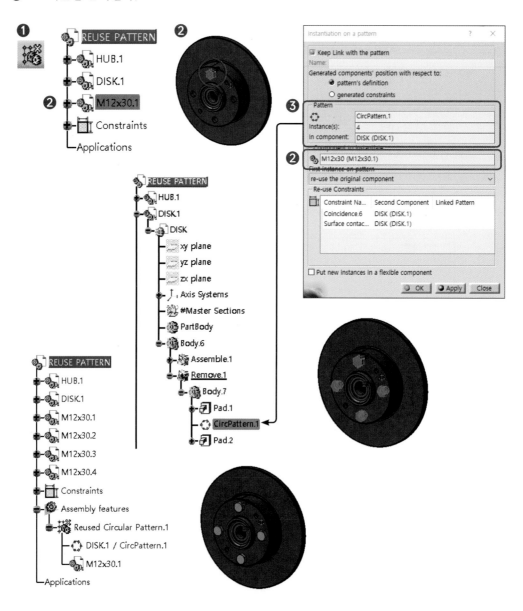

설계 변경이 필요할 경우, Part Design 워크벤치에서 생성한 패턴 명령어를 수정한다. Assembly 워크벤치에서 업데이트하면, 프로덕트에서 Reuse Pattern으로 생성한 컴포넌트의 개수도 같이 수정된다.

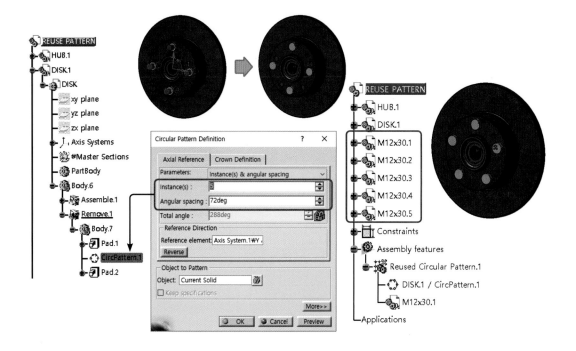

12. 카탈로그(Catalog)

카탈로그는 프로덕트 안에서만 불러올 수 있는 읽기 전용 컴포넌트 파일이다. CATIA 프로그램에는 볼트, 너트와 같은 공용 부품을 라이브러리로 제공하고 있다. 카탈로그에서 컴포넌트를 불러오는 방법은 아래와 같다.

❶ Catalog Browser ◇ 아이콘을 클릭한다.

❷ Catalog의 ISO 규격을 선택한다.

❸ Catalog의 공용 부품 목록에서 Bolt를 선택한다.

❹ Bolt의 종류를 선택한다.

❺ Bolt의 사양을 선택한다.

❻ 미리 보기 화면창이 나오면 OK 버튼을 클릭한다.

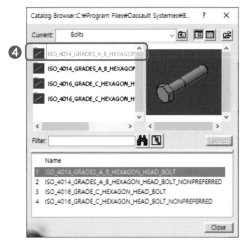

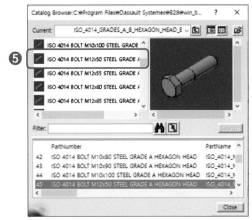

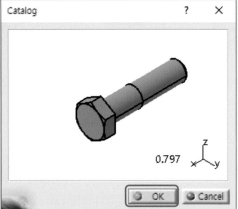

『네이버 카페 – CHAPER 6 어셈블리 디자인 : STEP 02 | 컴포넌트 위치 이동 및 복사』 – 예제 및 모델링 동영상 파일을 업로드하였다.

1. 자유도(Degrees of Freedom)

프로덕트에서 첫 번째 컴포넌트를 불러올 때, 임의의 방향으로 이동시키거나 회전시킬 수 있다. 구속 조건은 컴포넌트에 적용되며 자유도를 구속한다. 프로덕트 안에 있는 각각의 컴포넌트는 자유도가 구속되지 않은 상태로 구성된다. 프로덕트에서 자유도를 구속하지 않은 상태에서 컴포넌트가 의도하지 않은 방향으로 이동했을 경우 컴포넌트 간에 간섭이 발생할 수도 있다.

컴포넌트의 자유도를 확인하기 위해서 컴포넌트에 MB3 클릭한 후 하위 화면이 보이면 Components Degrees of Freedom을 선택한다. 해당 컴포넌트의 자유도 구속된 정보를 확인할 수 있다.

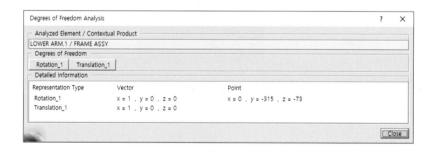

2. 프로덕트 구속 조건(Product Coincidence)

자유도는 컴포넌트를 구속해야 제어할 수 있고 스케치의 구속 조건과 같은 같은 역할을 하며 기존에 있는 컴포넌트를 통해서 구속 조건을 설정할 수 있다.

구속 조건은 두 가지 방법을 통해서 명령어를 실행할 수 있다.

(1) Constraints Toolbar

(2) Insert Menu

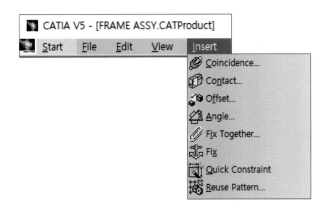

프로덕트에서 하위 화면창이 보이면 Conpopents - Existing Component With Positioning을 클릭하여 컴포넌트를 위치시키고 Smart Move 명령어를 사용하여 원하는 위치로 이동시킨다.

❶ 프로덕트에서 MB3 버튼을 클릭

❷ Conpopents - Existing Component With Positioning을 클릭

❸ 폴더에서 파일을 더블클릭

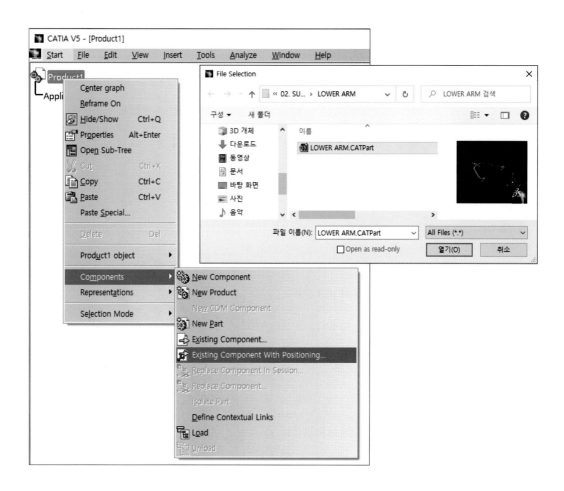

❹ Smart Move 창이 나타나면, 컴포넌트가 프로덕트에 삽입된 걸 알 수 있다.

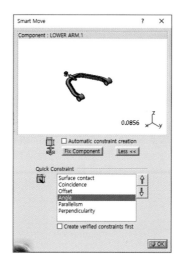

어셈블리 구속 조건은 프로덕트를 구성할 때, 컴포넌트를 위치시킬 때 사용한다.

일반적으로 구속 조건을 설정하는 방법은 아래와 같다.

❶ 프로덕트에서 하나의 컴포넌트는 Fix로 구속해야 한다.

첫 번째 컴포넌트는 기준이 되는 파트이다.

❷ 다른 컴포넌트를 불러온 후에 Compass를 사용하여 이동 및 회전시켜 원하는 곳에 위치시킨다.

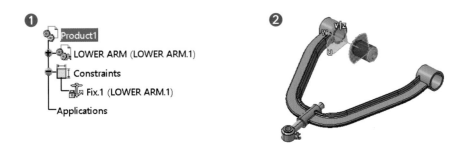

❸ 어셈블리 구속 조건 명령어를 사용하여 컴포넌트를 구속시킨다.

❹ 결과를 확인하기 위해 Update ⟳ 아이콘을 클릭한다.

컴포넌트의 위치가 맞는지 결과를 확인한다.

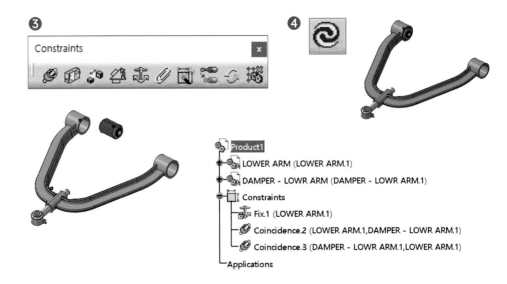

3. 구속 조건 기호(Constraints Symbols)

컴포넌트를 구속했을 때 나타나는 구속 조건의 모양을 정리한 표는 아래와 같다.

구속 조건	아이콘	심벌 모양
Coincidence		
Contact		
Offset		
Angle Planar Angle		
Parallelism		
Perpendicularity		
Fix		
Fix Together		

4. 일치 구속 조건 (Coincidence Constraint)

일치(Coincidence) 구속 조건은 축, 평면, 점을 일치시켜 정렬하는 명령어이다.

❶ Coincidence 아이콘을 클릭한다.

❷ 두 개의 엘리먼트를 선택한다.

엘리먼트는 점, 축, 평면을 선택할 수 있다.

❸ Coincidence 명령어가 생성되고 컴포넌트는 정렬된다.

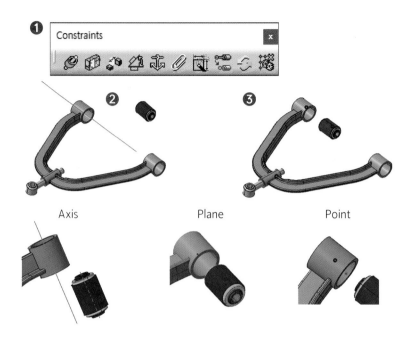

Axis   Plane   Point

5. 접촉 구속 조건(Contact Constraint)

접촉(Contact) 구속조건은 두 개의 평면(Plane)이나 면(Face)을 일치시켜 정렬하는 명령어

❶ 접촉(Contact) 아이콘을 클릭한다.

❷ 두 개의 엘리먼트를 선택한다.

　엘리먼트는 평면(Plane)이나 면(Face)을 선택할 수 있다.

❸ Contact 명령어가 생성되고 컴포넌트는 정렬된다.

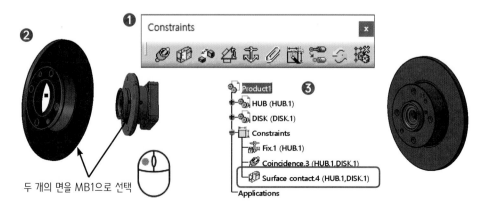

두 개의 면을 MB1으로 선택

6. 옵셋 구속 조건(Offset Constraint)

옵셋(Offest) 구속 조건은 두 개의 엘리먼트와의 사이의 거리를 정의하여 정렬하는 명령어
이다.

❶ 옵셋(Offest) 아이콘을 클릭한다.

❷ 두 개의 엘리먼트를을 선택한다.

　엘리먼트는 평면(Plane)이나 면(Face)을 선택할 수 있다.

❸ 옵셋할 거리값을 입력한다.

❹ 옵셉은 화살표를 클릭하여 방향을 변경할 수 있다.

❺ Offset 명령어가 생성되고 컴포넌트는 정렬된다.

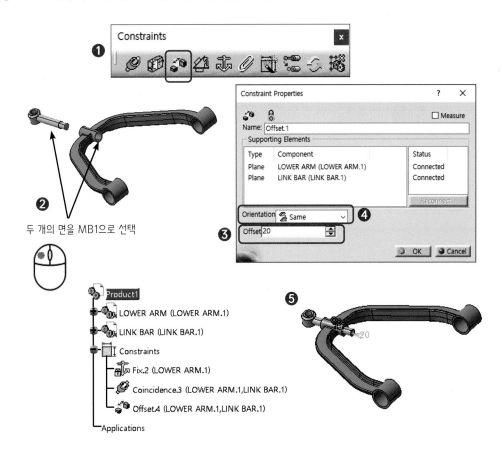

두 개의 면을 MB1으로 선택

7. 각도 구속 조건(Angle Constraint)

각도(Angle) 구속 조건은 두 개의 컴포넌트 사이의 각도를 정의하여 정렬하는 명령어이다.

❶ 각도(Angle) 아이콘을 클릭한다.

❷ 두 개의 엘리먼트를을 선택한다.

엘리먼트는 평면(Plane)이나 면(Face)을 선택할 수 있다.

❸ Constraint Properties 화면창이 나오면 Angle을 선택한다.

❹ 각도값을 입력한다.

❺ Angle 명령어가 생성되고 컴포넌트는 정렬된다.

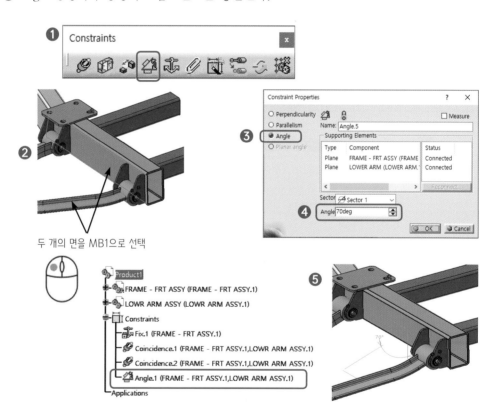

두 개의 면을 MB1으로 선택

8. 평행 구속 조건(Parallelism Constraint)

평행(Parallelism) 구속 조건은 두 개의 엘리먼트 사이의 각도를 평행하게 정의하여 정렬하는 명령어이다. 평행 구속 조건은 두 개의 엘리먼트의 방향을 같거나 반대 방향으로 선택할 수 있다.

❶ 각도(Angle) 아이콘을 클릭한다

❷ 두 개의 엘리먼트를 선택한다.

　　엘리먼트는 평면(Plane)이나 면(Face)을 선택할 수 있다.

❸ Constraint Properties 화면창이 나오면 Parallelism을 선택한다.

❹ Orientation 항목에서 방향을 설정하거나 화살표를 클릭하여 방향을 변경할 수 있다.

❺ Parallelism 명령어가 생성되고 컴포넌트는 정렬된다.

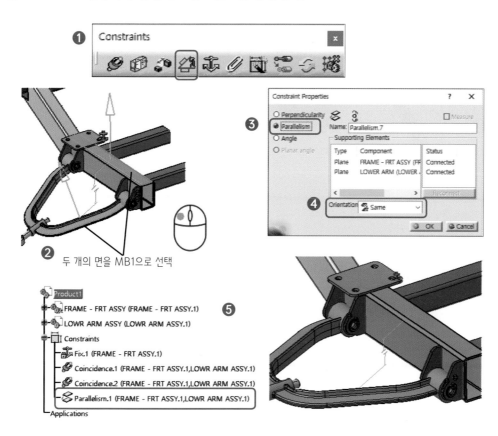

❷ 두 개의 면을 MB1으로 선택

301

9. 수직 구속 조건(Perpendicularity Constraint)

수직(Perpendicularity) 구속 조건은 두 개의 엘리먼트 사이의 각도를 수직하게 정의하여
정렬하는 명령어이다.

❶ 각도 (Angle) 아이콘을 클릭한다

❷ 두 개의 엘리먼트를 선택한다.

엘리먼트는 평면(Plane)이나 면(Face)을 선택할 수 있다.

❸ Constraint Properties 화면창이 나오면 Perpendicularity를 선택한다.

❹ Perpendicularity 명령어가 생성되고 컴포넌트는 정렬된다.

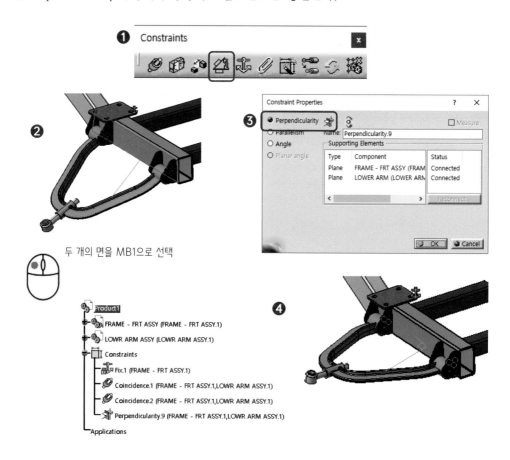

10. N개 컴포넌트 고정 구속 조건(Fix Together Constraint)

고정(Fix Together) 구속 조건은 여러 개의 컴포넌트들을 한 번에 구속할 때 선택하는 명령어이다.

❶ 고정(Fix Together) 아이콘을 클릭한다

❷ 구속을 할 컴포넌트들을 다중 선택한다.

　2개 이상의 컴포넌트를 선택할 수 있다.

고정(Fix Together) 아이콘을 클릭하면 화면창이 나오고 구속할 컴포넌트를 선택하면 된다.
화면창에서 Components 항목 리스트에서 컴포넌트를 클릭하면 제거된다.

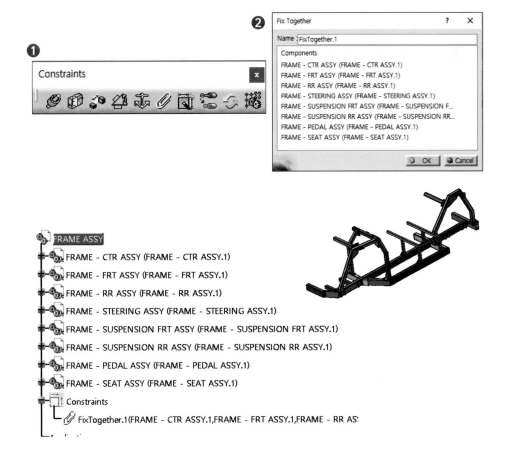

11. 구속 조건 업데이트

프로덕트에서 업데이트를 할 때, 컴포넌트에 설정한 모든 구속 조건에 적용된다. 사용자는 전체 프로덕트나 선택한 컴포넌트를 선택해서 업데이트를 할 수 있다. 구속 조건은 업데이트가 필요할 때 설계 트리나 모델에서 업데이트 아이콘이 표시된다.

❶ 설계 트리에서 구속 조건 심벌에 업데이트 아이콘이 나타난다.

❷ 구속 조건은 검은색으로 나타난다.

❸ 프로덕트에서 업데이트가 필요할 때 Update 아이콘이 활성화된다. Update 아이콘을 누르면 된다.

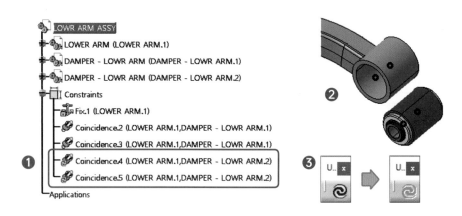

업데이트는 전체 구속 조건이나 각각의 구속 조건을 적용하여 할 수 있다.

(1) 프로덕트에 있는 전체 구속 조건을 업데이트하려면 Update 툴바에 있는 아이콘을 선택하면 된다.

(2) 각각의 구속 조건을 업데이트하려면, 설계 트리에 있는 구속 조건을 MB3 버튼을 클릭해서 하위 메뉴에 나오는 Update를 선택하면 된다.

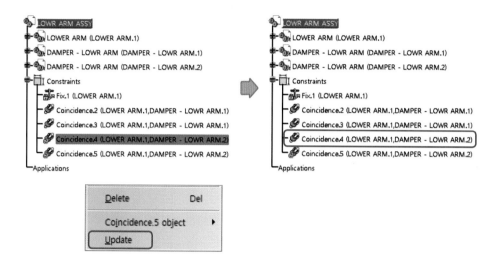

12. 업데이트 옵션 설정

프로덕트에서 업데이트를 할 때 옵션을 설정하려면 메뉴 Tools - Options - Mechanical Design - Assembly Design 탭에 General 항목에 가서 자동이나 수동으로 할지 선택할 수 있다.

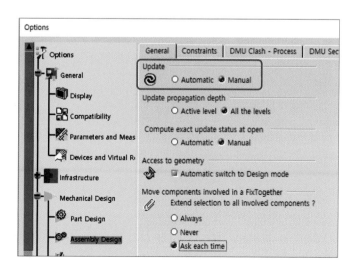

13. 업데이트 에러

프로덕트를 업데이트할 때 구속 조건이 충돌하는 경우가 발생한다. CATIA는 에러가 발생하면 화면창이 표시된다. Update Diagnosis 창에 충돌이 나는 구속 조건을 선택하여 해결할 수 있다.

❶ Edit: Constraint Definition 창을 열어서 수정하는 방법으로 구속 조건을 설정한 엘리먼트를 수정하거나 다시 설정한다.

❷ Deactivate: Update Diagnosis 창에서 구속 조건은 삭제하기 않고 Deactivate 비활성화할 수 있다.

❸ Isolate: 구속 조건을 참조한 지오메트리를 제거하기 위해 Isolate를 선택할 수 있다. 여기서 지오메트리를 파트 Feature에서 생성한 엘리먼트를 말한다.

❹ Delete: 충돌되는 구속 조건은 Delete를 선택하여 제거할 수 있다.

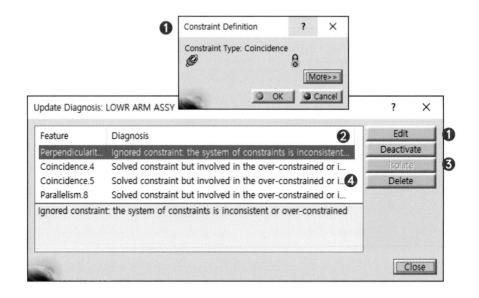

『 네이버 카페 - CHAPER 6 어셈블리 디자인 : STEP 03 | 프로덕트 구속조건 』- 예제 및 모델링 동영상 파일을 업로드하였다.

STEP 04 컨텍스트 인 어셈블리 (Context in Assembly)

1. 컨텍스트 인 어셈블리(Context in Assembly) 설계 방법

프로덕트 안에서 새로운 파트를 생성할 때 새 Part 파일에 Feature나 스케치 단면을 생성할 수 있다.

- ✓ 스케치는 주변 컴포넌트의 평면(Plane)이나 면(Face)을 선택하여 기준면을 선택할 수 있다.
- ✓ 스케치 구속 조건은 프로덕트에 있는 다른 컴포넌트를 선택해서 정의할 수 있다.
- ✓ 다른 컴포넌트로부터 참조한 3D 엘리먼트는 스케치 단면에 프로젝션에 투영되거나 교차되는 커브로 표시된다.
- ✓ Feature에서 깊이 방향을 설정할 때 다른 컴포넌트를 선택할 수 있다.

독립적인 개별 부품으로 프로덕트를 구성할 경우와 컨텍스트 인 어셈블리를 통한 부품 모델링 방법의 차이를 아래와 같이 정리하였다.

Part Design을 독립적으로 설계

- ✓ 개별 파트를 독립적이므로 설계해서 프로덕트를 구성한다.
- ✓ 업데이트 시 외부 요소와 링크로 연결되지 않아서 에러가 발생하지 않는다.
- ✓ 프로덕트에서 주변 부품과의 매칭 및 치수를 맞추기가 번거롭다.
- ✓ 프로덕트에서 부품을 불러들여서 구속 조건을 설정한다.

프로덕트에서 Part Design 부품 설계

✓ 프로덕트에서 주변 부품의 지오메트리를 외부 참조(External Reference)하여 설계한다.

✓ 프러덕트에서 설계를 하기 때문에 주변 부품의 윤곽선을 참조할 수 있다.

✓ 프로덕트를 업데이트 시 외부 참조(External Reference)를 제거하면 에러가 발생된다.

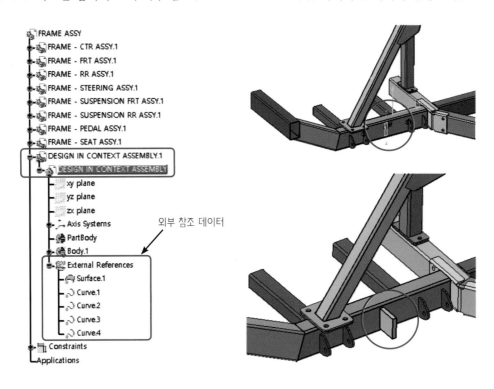

2. 프로덕트(Product) 파일 열기

최상위 프로덕트는 파트(****.CATPart) 및 서브 어셈블리(****.CATProduct)의 컴포넌트들과 위치를 구속한 정보와 지정한 폴더에 위치 정보를 포함하여 저장된다. 초기 저장한 폴더에서 컴포넌트 파일을 다른 폴더로 이동시키면, CATIA는 위치 정보를 찾지 못하고 에러가 발생하여 파일을 열지 못한다. 컴포넌트를 저장할 때, 폴더 위치를 정확하게 지정해서 저장한다.

컴포넌트의 폴더 위치를 정확히 지정해서 파일을 저
장해야 한다.

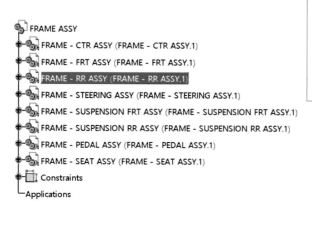

3. 파일 찾기(Desk Option)

프로덕트를 저장할 때, 모든 파일의 위치 정보는 저장된다. 만약에 파일을 다른 폴더로 옮
기면, CATIA는 초기 저장된 위치 정보만 가지고 있기 때문에 파일을 열지 못한다. 사용자는
다른 폴더로 옮긴 파일을 재지정할 수 있는데, 이때 사용하는 명령어가 Desk이다.

Desk 명령어를 사용해서 폴더 위치를 재지정하고 파일을 찾는 방법은 아래와 같다.

❶ 프로덕트 파일을 열 때, 열리지 않은 파일은 Open 화면창으로 활성화된다.
❷ Desk 명령어를 선택한다.

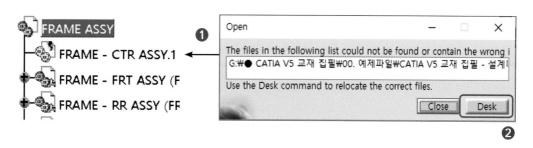

❸ 프로덕트의 참조한 모든 컴포넌트들이 나타난다.

  열리지 않은 파일은 빨간색으로 표시된다.

❹ 열리지 않은 컴포넌트를 선택해서 MB3 버튼을 클릭하고, Find를 선택한다.

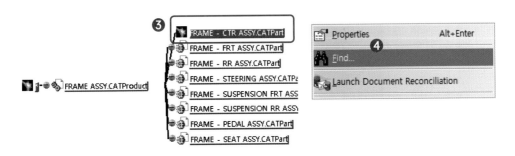

❺ File Selection 화면창이 열린다. 파일이 있는 위치를 선택하고 Open 버튼을 클릭한다.

❻ 파일 위치가 재설정되면, 참조 트리에서 더 이상 활성화되지 않지 않는다.

❼ 열지 않는 다른 파일도 위치를 재지정하고, File - Close를 누르면 Desk 워크벤치를 닫는다.

❽ 프로덕트에서 파일이 열려 있는지 확인한다.

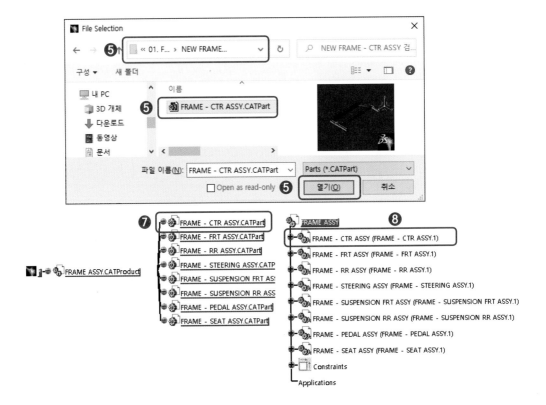

4. 프로덕트에서 새 컴포넌트 생성하기

프로덕트에서 새 컴포넌트를 바로 생성할 수 있고 새 컴포넌트 타입은 아래 3가지가 있다.

❶ Par: 각각의 새로운 파트 파일(*.Part)을 생성할 수 있다.

❷ Product: 프로덕트 안에 Sub-Assembly 파일을 필요할 때, 새로운 프로덕트 파일을 생성한다.

❸ Component: 최상위 프로덕트 안에 새로운 프로덕트 파일을 생성한다. 이 파일은 개별로 열 수 없고 개별 파일로 저장되지 않는다.

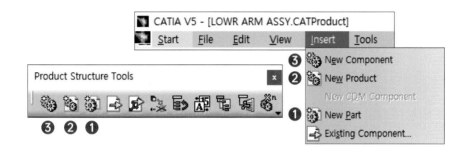

5. 프로덕트에 새 파트 생성하기

프로덕트에서 새 파트를 생성하는 방법은 아래와 같다.

❶ 프로덕트에서 MB3 버튼을 클릭한다.

❷ 하위 화면창이 나타나면 Components - New Part를 선택한다.

❸ 새로 생성할 파트가 새 파일인 정의를 하면 예를 선택한다.

❹ 프로덕트에 새로운 파트파일이 생성된다.

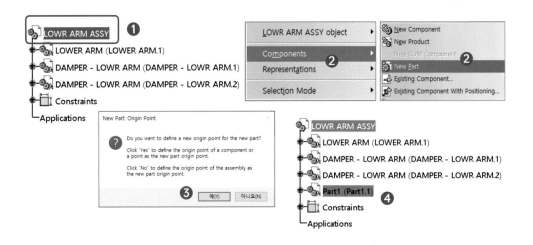

6. 프로덕트에서 새로운 프로덕트 생성하기

새 프로덕트는 최상위 프로덕트에서 생성할 수 있다. 이때 생성되는 새 프로덕트는 Sub-Assembly가 되며, 이 파일은 외부 창으로 열 수 있다.

❶ 최상위 프로덕트에서 MB3 버튼을 클릭한다.

❷ 하위 화면창이 나오면 New Product를 클릭한다.

❸ 새 프로덕트 파일이 생성된다.

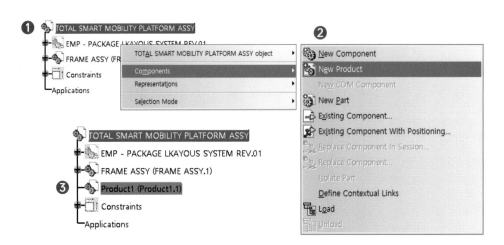

7. 컴포넌트 속성(Component Properties)

프로덕트에서 새 컴포넌트를 생성할 때, 속성(Properties)을 정의할 수 있다. 변경할 컴포넌트 파일을 MB3 버튼을 클릭하면 Properies 화면창이 나타난다.

❶ Part Number: 프로덕트에서 Part 파일을 구분하기 위해 사용한다. 일반적으로 Part Number는 파일 이름과 동일하고 Part Number를 다르게 지정할 수도 있다.

❷ Instance Name: 프로덕트에 개별로 컴포넌트를 불러들일 때, Instance Name 구분되어 불러진다. 예를 들어 프로덕트에서 같은 파일을 두 번 불러들일 경우, Part Number는 동일하나 Instance Name은 다르게 저장된다. 프로덕트에 있는 두 개의 컴포넌트는 같은 Instance Name을 가질 수 없다.

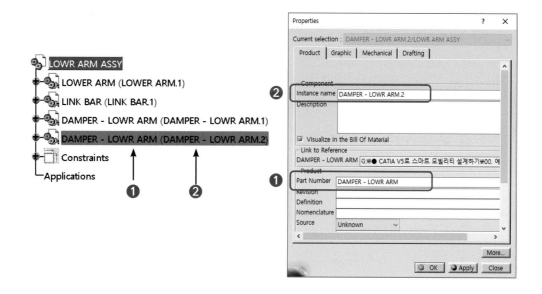

『네이버 카페 - CHAPER 6 어셈블리 디자인 : STEP 04 | 컨텍스트 인 어셈블리』 - 예제 및 모델링 동영상 파일을 업로드하였다.

복합 어셈블리 디자인
(Complex Assembly Design)

1. 프로덕트에서 파트(Part) 수정하기

프로덕트에서 파트 안에 있는 Feature를 생성할 때, 파트에서 생성할 피처의 위치를 확인한 후 Feature를 추가하거나 삭제할 수 있다. 수정하는 방법은 파트를 활성화한 다음 Part Design Workbench에서 수정할 피처를 선택한다.

프로덕트에서 파트를 수정하는 절차는 아래와 같다.

❶ 수정할 파트를 클릭한 후 (+)로 된 부분을 클릭하여 설계 트리를 확장한다.
❷ 파트에서 확장된 설계 트리에서 수정할 파트를 MB1 버튼으로 더블클릭한다. 설계 트리에서 파트가 하이라이트로 표시되면 활성화된다.
❸ 활성화된 파트에서 Feature를 선택하여 수정할 수 있다.

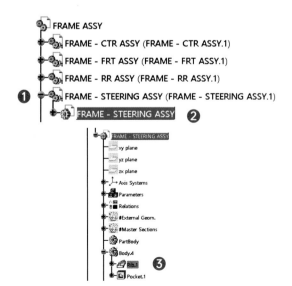

2. 컴포넌트 면(Face)에 스케치하기

파트가 활성화되면, Part Design 워크벤치의 화면 구성과 명령어는 동일하다. 프로덕트에서 파트는 독립적으로 수정할 수 있다.

프로덕트 안에 있는 파트의 스케치 기준면을 지정할 때, 파트에 있는 기준 평면(XY, YZ, ZX)을 선택하거나, 다른 주변 컴포넌트에 있는 평면 (Face/Surface)를 선택할 수도 있다.

프로덕트에서 스케치 프로파일을 생성하는 방법은 아래와 같다.

❶ Part를 활성화한다.

❷ Part Design 워크벤치에서 Sketcher 아이콘을 선택한다.

❸ 스케치 기준면 컴포넌트에 있는 평면(Face)을 선택한다.

　* 파트 안에 있는 있는 기준 평면(XY, YZ, ZX)을 선택 가능

❹ 스케치 단면을 생성한다.

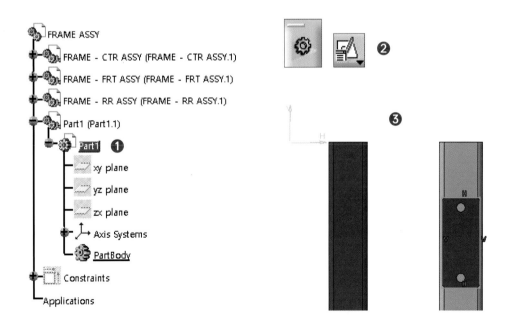

3. 3D 참조 투영 엘리먼트(Project 3D Elements)를 사용하여 스케치하기

프로덕트에서 주변 컴포넌트의 3D 지오메트리 및 엘리먼트를 스케치 기준면에 투영시켜 참조하면 단면을 쉽게 생성할 수 있다.

Project 3D Elements 명령어를 사용하여 스케치 단면을 생성하는 방법은 아래와 같다.

❶ Sketcher 아이콘을 클릭하고 스케치 기준면을 선택한다.

❷ 스케치 워크벤치에서 Project 3D Elements을 선택한다.

❸ 주변 컴포넌트에서 참조될 지오메트리를 선택한다.

❹ 스케치 설계 트리 아래에 Use-edges와 External Reference에 참조되어 투영된 커브가 나타난다.

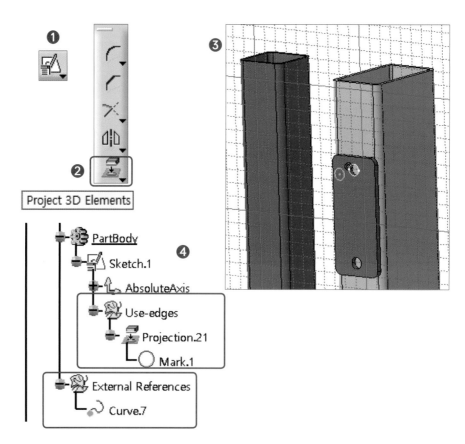

4. 3D 참조 교차 엘리먼트(Intersect 3D Elements)를 사용하여 스케치하기

프로덕트에서 주변 컴포넌트의 3D 엘리먼트를 스케치 기준면과 교차되는 지오메트릴 참조하여 단면을 쉽게 생성할 수 있다.

Intersect 3D Elements 명령어를 사용하여 스케치 단면을 생성하는 방법은 아래와 같다.

❶ Sketcher 아이콘을 클릭하고 스케치 기준면을 선택한다.

❷ 스케치 워크벤치에서 Intersect 3D Elements 아이콘을 선택한다.

❸ 주변 컴포넌트에서 참조될 지오메트리를 선택한다.

❹ 스케치 설계트리 아래에 Use-edges와 External Reference에 교차되어 참조된 엘리먼트가 나타난다.

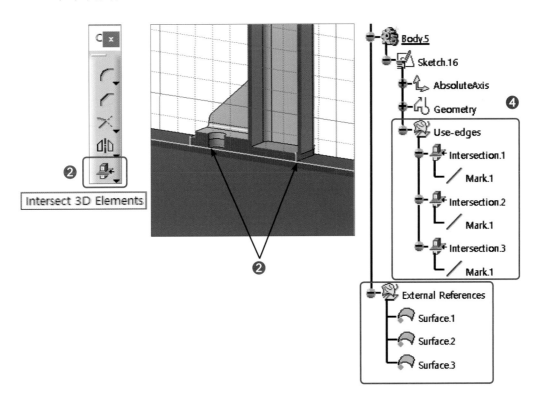

5. 상대 컴포넌트를 사용하여 스케치 구속하기

스케치 기준면을 다른 컴포넌트의 면(Face, Surface)을 선택할 수 있고 참조된 지오메트리를 활용하여 스케치 단면을 생성할 때 구속조건을 줄 수 있다. 상대 파트와의 결합되는 마운트 홀을 참조하여 Body를 생성할 때 유용하게 사용될 수 있다.

주변 컴포넌트를 사용하여 스케치 기준면 및 구속하는 방법은 아래와 같다.

❶ Sketcher 아이콘을 클릭하고 스케치 기준면을 다른 컴포넌트의 면(Face, Surface)을 선택한다.

❷ External Reference에 스케치 기준면을 참조한 면이 나타난다.

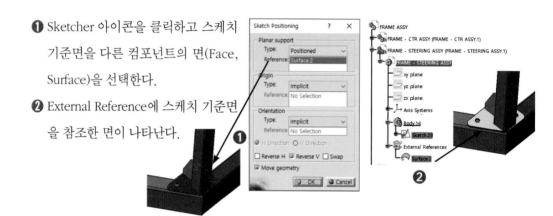

❸ 스케치에서 주변 컴포넌트를 참조할 지오메트리를 선택한 다음 Constraints Defined in Dialog Box를 선택하여 구속 조건을 정의한다.

❹ 스케치 설계 트리 아래에 Constraints와 External Reference에 참조된 엘리먼트가 나타난다.

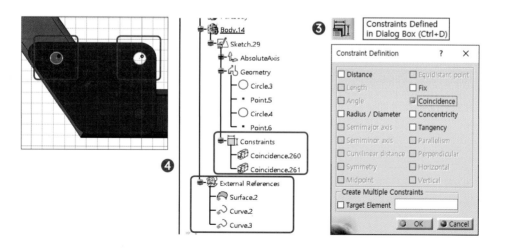

6. 상대 컴포넌트를 사용하여 깊이(Limit) 정의하기

프로덕트에서 파트에 Pad와 같은 돌출 형상을 생성할 때, 주변 컴포넌트의 지오메트리를 활용해서 깊이나 두께 (Limit)를 정의할 수 있다. Pad의 경우 Limit Type 중에서 Plane이나 Up to Surface를 선택할 수 있고 주변 컴포넌트의 지오메트리를 선택하는 방법은 아래와 같다.

❶ Pad의 Limit Type을 선택한다.
❷ 주변 컴포넌트의 면(Face)이나 곡면(Surface)를 선택한다.
❸ External Reference에 참조한 면이 나타난다.

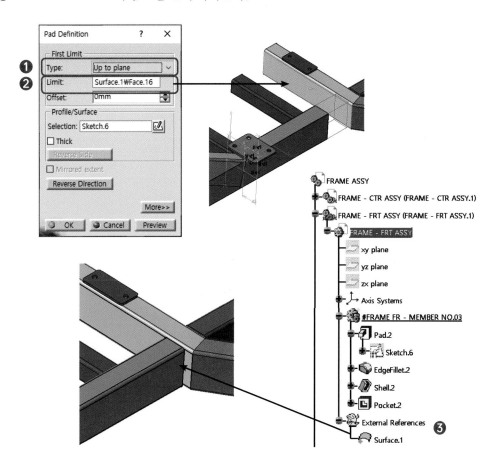

7. 외부 참조 파일 생성 조건(External Reference)

프로덕트에서 파트를 모델링할 때, 주변 컴포넌트에서 참조한 지오메트리 정보는 External Reference의 지오메트리 세트에 참조되어 나타난다. 외부 참조 지오메트리는 아래 4가지 조건일 경우 생성된다.

❶ 스케치 기준면(Sketch Support)를 선택할 때
❷ 스케치에서 주변 컴포넌트의 엣지, 서피스를 참조하여 치수 및 구속 조건을 부여할 때
❸ Feature를 생성할 때 주변 컴포넌트의 커브나 엣지를 참조할 때
❹ Featrue Limit 옵션 중에서 평면(Plane), 면(face), 곡면(Sufrace)을 참조할 때

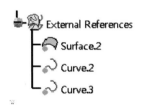

8. 외부 참조 파일 옵션(External Reference Option)

외부 참조 데이터(External reference)는 업데이트하거나 수정할 때 복잡한 설계 트리로 구성되어 에러가 발생하는 경우가 많다. 프로덕트에서 파트를 모델링할 때 너무 많은 외부 참조 데이터를 생성하지 않는 게 좋다.

외부 참조 파일에 대한 옵션을 설정할 수 있는데 메뉴에서 Tools - Options -Infrastructure - Part Infrastructure에서 외부 참조와 관련된 내용을 설정하면 된다.

❶ 외부 참조(External reference)와 링크로 관리한다. 원본 엘리먼트와 복사한 엘리먼트와 링크로 연결되어 있고, 링크를 끊을 때는 Isolate 명령어를 사용 가능하다.

❷ 설계 트리에 외부 참조 데이터를 나타내는 옵션이다.

❸ 외부 참조 데이터를 생성할지를 화면창에 나타내는 옵션이다.

❹ 프로덕트 저장 경로를 사용하여 컨텍스트(Context)로 연결하여 사용할 때 설정하는 옵션이다.

❺ Publish된 엘리먼트만 외부 참조 지오메트리로 선택 가능한 옵션이다.

❻ Face, Edge, Vertex, Axis를 선택 가능하게 설정하는 옵션이다.

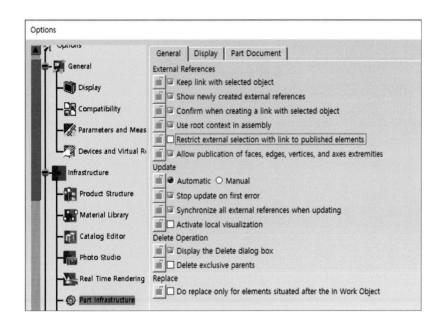

9. 외부 참조 피처 링크 끊기(Isolate External Feature)

일반적으로 프로덕트에서 컴포넌트를 생성할 때, 다른 프로덕트로 불러들이거나 다른 위치로 옮기지 않는다. 설계 변경 및 필요에 의해서 프로덕트에 있는 구성 부품을 다른 프로덕트로 옮기는 경우가 발생하는데, 모델을 업데이트할 경우 외부 참조 데이터는 에러가 발생하

여 원하는 설계 변경이 이뤄지지 않는 경우가 발생한다. 이때 외부에서 참조한 피처의 링크를
끊어서 업데이트 시 에러가 발생하지 않게 할 수 있다.

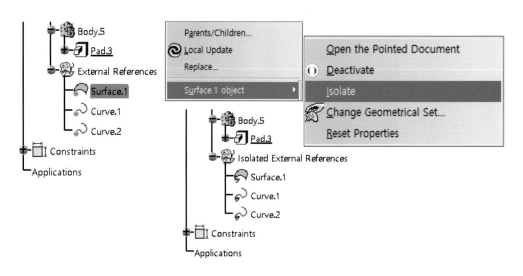

『네이버 카페 - CHAPER 6 어셈블리 디자인 : STEP 05 | 복합 어셈블리 디자인』- 예제 및 모
델링 동영상 파일을 업로드하였다.

Chapter **7**

마스터 프로젝트

패키지 레이아웃 디자인
(Package Layout Design)

1. 스마트 모빌리티 섀시 – 설계 프로세스 및 방법론

스마트 모빌리티와 같은 여러 개의 부품으로 조합된 시스템을 모델링하기 위해서는 팩키지 레이아웃 디자인을 통해서 뼈대가 될 수 있는 Skeleton Design을 먼저 설계하고 이를 바탕으로 주요 부품을 상세 모델링한다.

주요 구성 부품은 아래 그림과 같다.

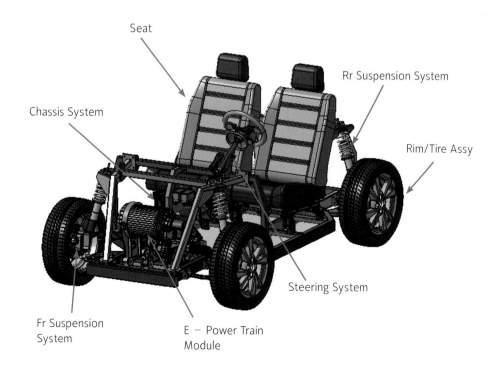

Seat

Rr Suspension System

Chassis System

Rim/Tire Assy

Steering System

Fr Suspension System

E – Power Train Module

스마트 모빌리트 플랫폼 부품 중에서 Chassis Frame Assy, Suspension System, Rim & Tire Assy 을 모델링 및 어셈블리 방법론에 대해 설명하였다.

책 지면의 제한으로 부품모델링 방법을 『네이버 카페 - CHAPER 7 마스터 프로젝트』에 동영상과 문서 및 파일을 업로드하였으며, 독자들이 쉽게 모델링할 수 있도록 내용을 구성하였다.

책: 예제

Damper Module	Disk	RR Lower Arm	Air Suspension Module

마스터 프로젝트: 스마트 모빌리티 플랫폼

Chassis Frame System	Suspension System	Rim / Tire Assy	Total Assembly

설계 프로세스 및 방법은 아래와 같으며 순차적으로 파일을 모델링하여 어셈블리를 구성하면 된다.

(1) SAMART MOBILITY -
    MASTER SKELETON
    DESIGN 설계

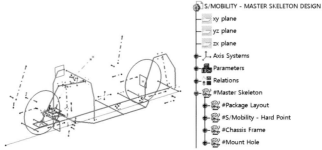

(2) 섀시 프레임(Chassis Frame Assy) 설계

```
FRAME ASSY
    S/MOBILITY - MASTER SKELETON DESIGN
    FRAME - CTR ASSY
    FRAME - FRT ASSY
    FRAME - RR ASSY
    FRAME - STEERING ASSY
    FRAME - SUSPENSION FRT ASSY
    FRAME - SUSPENSION RR ASSY
    FRAME - PEDAL ASSY
    FRAME - SEAT ASSY
    DAMPER MODULE - AIR SUSPENSION
    DAMPER MODULE - AIR SUSPENSION
    DAMPER MODULE - AIR SUSPENSION
    DAMPER MODULE - AIR SUSPENSION
    Constraints
```

(3) 프런트 서스펜션 시스템(Fr Suspension System) 설계

```
FR SUSPENSION ASSY - LH
    SAMART MOBILITY - MASTER SKELETON DESIGN
    FR LOWR ARM ASSY - LH
    HUB
    DISK
    FR KNUCKLE - LH
    AIR SUSPENSION MODULE
    BALL JOINT
    BALL JOINT
    Constraints
```

(4) 리어 서스펜션 시스템(Rr Suspension System) 설계

```
RR SUSPENSION ASSY
    SAMART MOBILITY - MASTER SKELETON DESIGN
    LOWER ARM RR ASSY
    HUB
    DISK
    AIR SUSPENSION MODULE
    RR KNUCKLE - LH
    Constraints
```

(5) 림 앤 타이어 어셈블리 (Rim & Tire Assy) 설계

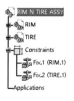

```
RIM N TIRE ASSY
    RIM
    TIRE
    Constraints
        Fix.1 (RIM.1)
        Fix.2 (TIRE.1)
Applications
```

2. 마스터 스켈레톤 디자인(Master Skeleton Design)

마스터 스켈레톤 디자인(Master Skeleton Design)은 스마트 모빌리티 플랫폼의 레이아웃 및 주요 구성 부품의 조립 및 체결되는 하드 포인트를 지오메트리(Point, Line, Circle, Curve, Sketch)로 구성한 파일을 말한다.

책에서는 마스터 스켈레톤 디자인의 절차에 대해서만 설명하였고 파트 모델링할 때 참조할 수 있는 데이터를 『네이버 카페 - CHAPER 7 마스터 프로젝트 : STEP 01 ㅣ 패키지 레이아웃 디자인』 - 모델링 동영상 및 파일을 업로드하였다.

파일 : SMART MOBILITY - MASTER SKELETON DESIGN.igs

(1) Smart Mobility - 팩키지 레이아웃(차량 제원 등)을 설계한다.

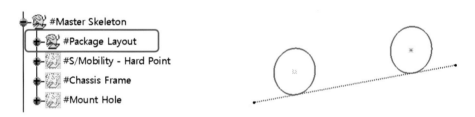

(2) Smart Mobility - 주요 부품과 조립 및 체결되는 Hard Point를 설계한다.

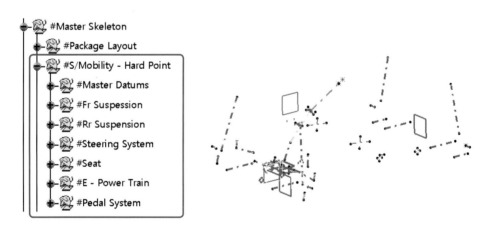

(3) 하부 골격을 구성하는 Chassis Frame 레이아웃 지오메트리를 설계한다.

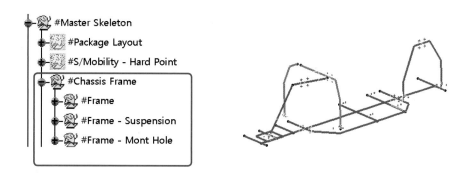

(4) 주요 부품과 체결되는 Mount Hole 지오메트리를 설계한다.

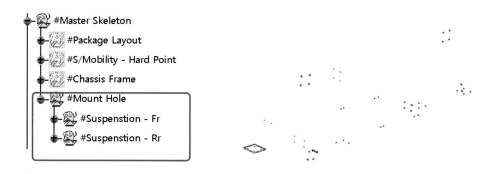

『네이버 카페 - CHAPER 7 마스터 프로젝트 : STEP 01. 패키지 레이아웃 디자인(Package Layout Design)』 - 모델링 동영상 및 파일을 업로드하였다.

섀시 프레임 어셈블리
(Chassis Frame Assy)

1. 섀시 프레임 어셈블리 (Chassis Frame Assy) 개요

섀시 프레임 어셈블리(Chassis Frame Assy)는 8개의 서브 프레임 어셈블리와 4개의 댐퍼 모듈로 구성되어 있다. 섀시 프레임 모델링 방법은 마스터 스켈레톤 디자인의 지오메트리를 불러와서 치수를 참조하여 복합 파트 모델링을 하고, FRAME - ***.CATPART 파일 안에 여러 개의 부품을 모델링한다.

댐퍼 모듈은 공용되는 부품이기 때문에 좌표를 독립적으로 구성하여 모델링한다.

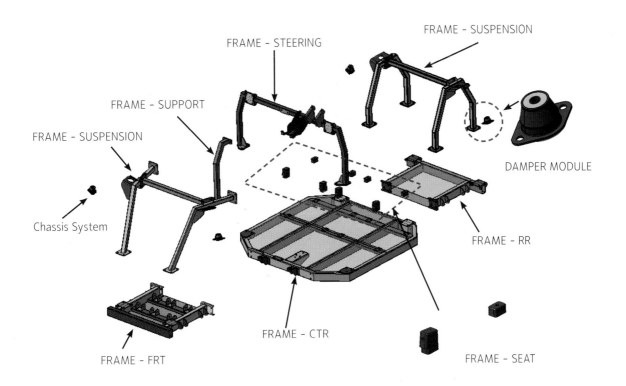

2. 프레임-센터 어셈블리 (Frame-Ctr Assy)

프레임-센터 어셈블리 (Frame-Ctr Assy)는 골격을 구성하기 위해 3개의 멤버(FRAME CTR - MEMBER NO.01/02/03)와 시트가 마운트될 수 있는 보강 멤버(FRAME CTR - REINF. MEM NO.01/02) 그리고 상대 프레임과 체결될 수 있는 마운트 브라켓 4개와 마운트 플레이트 1개를 모델링하여 구성된다. 그리고 전체 부품을 하나의 파트로 용접한다. 프레임을 감싸는 커버(PNL UPR/LWR - FRAME CTR)는 볼트로 체결하는 부품이다.

『네이버 카페 – CHAPER 7 마스터 프로젝트 : STEP 02 | 섀시 프레임 어셈블리』 – 모델링 동영상 및 파일을 업로드하였다.

✓ 사각 파이프(75X45X3.2): FRAME CTR - MEMBER .01/02/03

✓ 사각 파이프(60X40X2.3): FRAME CTR - REF. MEMBER .01/02

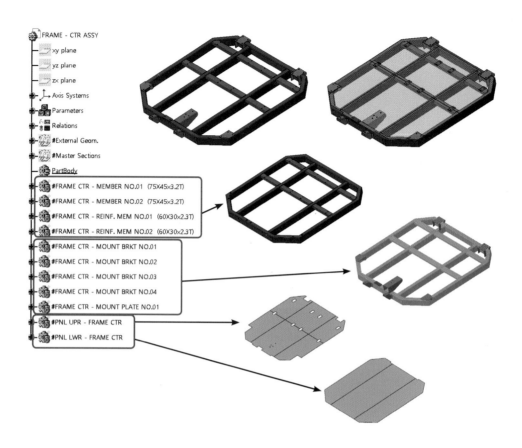

Frame-Ctr Assy를 모델링하기 위해서는 마스터 스켈레톤 디자인(Master Skeleton Design) 파일에서 구성 부품의 레이아웃을 결정한 지오메트리를 참조해서 모델링을 해야 하며 절차는 아래와 같다.

(1) 마스터 스켈레톤 디자인에서 생성한 참조 지오메트리 불러오기(파일: FRAME - CTR ASSY.igs)

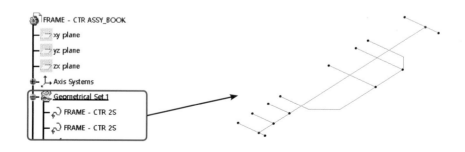

(2) 마스터 지오메트리(Plane, Point, Circle, Sketch)를 동영상을 참고하여 생성한다.

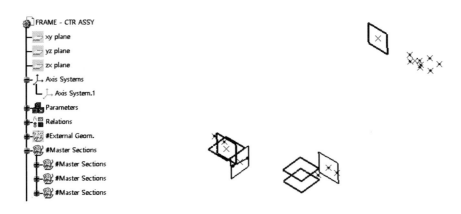

(3) FRAME CTR - MEMBER NO.01 동영상을 참고하여 모델링한다.

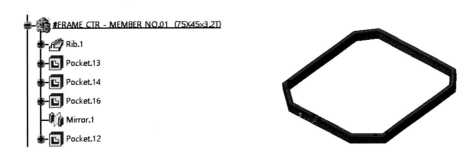

(4) FRAME CTR - MEMBER NO.02 동영상을 참고하여 모델링한다.

(5) FRAME CTR - REINF. MEM NO.01 동영상을 참고하여 모델링한다.

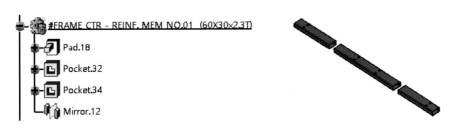

(6) FRAME CTR - REINF. MEM NO.01 동영상을 참고하여 모델링한다.

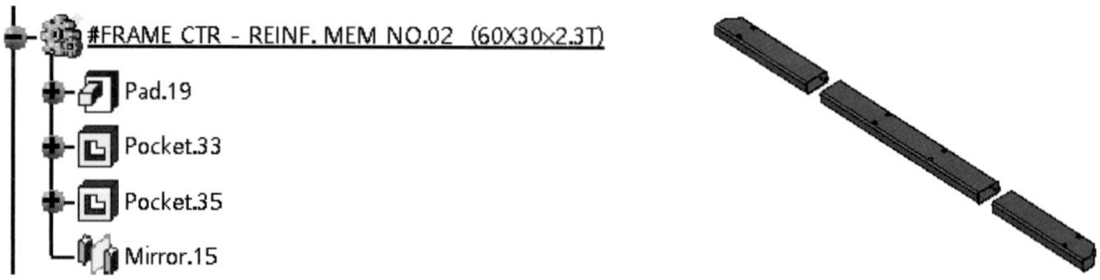
#FRAME CTR - REINF. MEM NO.02 (60X30x2.3T)
Pad.19
Pocket.33
Pocket.35
Mirror.15

(7) FRAME CTR - MOUNT BRKT NO.01 동영상을 참고하여 모델링한다.

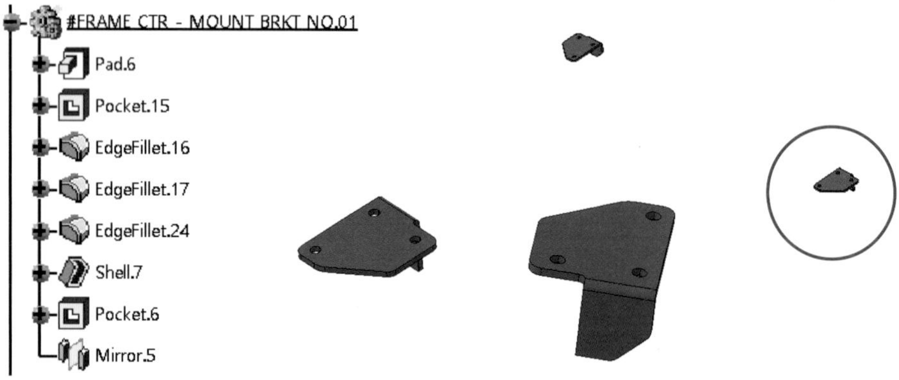
#FRAME CTR - MOUNT BRKT NO.01
Pad.6
Pocket.15
EdgeFillet.16
EdgeFillet.17
EdgeFillet.24
Shell.7
Pocket.6
Mirror.5

(8) FRAME CTR - MOUNT BRKT NO.01 동영상을 참고하여 모델링한다.

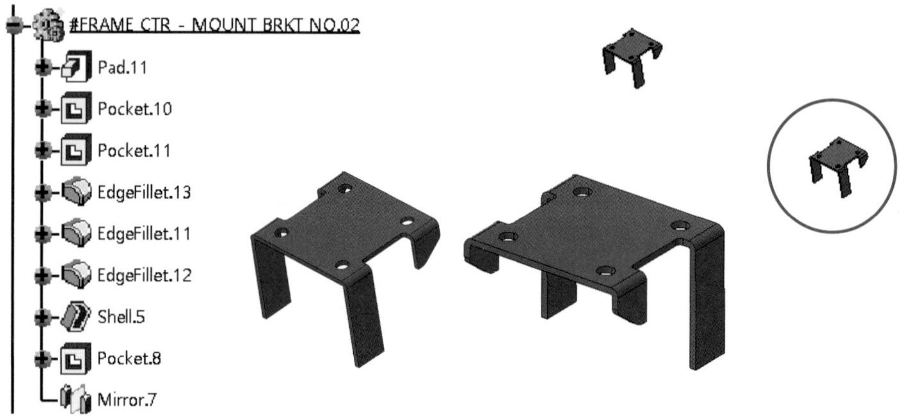
#FRAME CTR - MOUNT BRKT NO.02
Pad.11
Pocket.10
Pocket.11
EdgeFillet.13
EdgeFillet.11
EdgeFillet.12
Shell.5
Pocket.8
Mirror.7

(9) FRAME CTR - MOUNT BRKT NO.03 동영상을 참고하여 모델링한다.

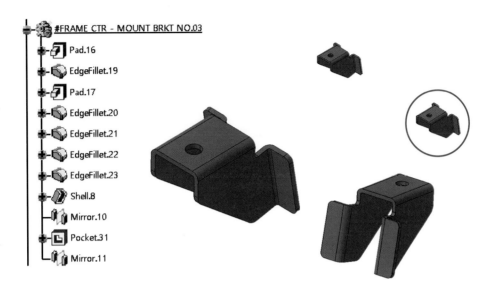

(10) FRAME CTR - MOUNT BRKT NO.04 동영상을 참고하여 모델링한다.

(11) FRAME CTR - MOUNT PLATE NO.01 동영상을 참고하여 모델링한다.

(12) FRAME CTR - MOUNT PLATE NO.01 동영상을 참고하여 모델링한다.

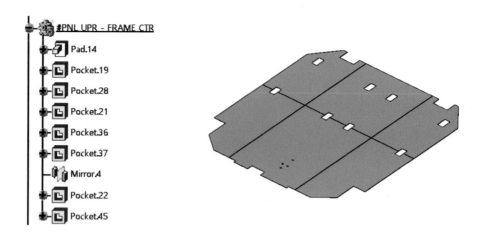

(13) FRAME CTR - MOUNT BRKT NO.03 동영상을 참고하여 모델링한다.

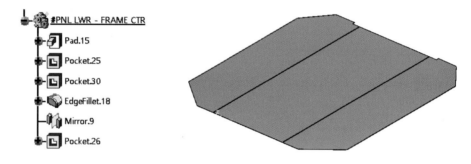

3. 프레임-프론트 어셈블리(Frame-Fr Assy)

Frame-Fr Assy는 골격을 구성하기 위해 3개의 멤버(FRAME FR - MEMBER NO.01/02)와 파워 트레인이 조립되어 마운트될 수 있는 보강 멤버(FRAME FR - REINF. MEM NO.01) 그리고 상대 프레임 및 부품과 체결될 수 있는 마운트 브라켓 4개로 구성되며, 용접으로 조립한다. 프런트 프레임을 감싸는 커버(PNL LWR - FRAME CTR)는 볼트로 체결하는 부품이다.

『네이버 카페 – CHAPER 7 마스터 프로젝트 : STEP 02 | 섀시 프레임 어셈블리』 – 모델링 동영상 및 파일을 업로드하였다.

✓ 사각 파이프(75X45X3.2): FRAME RR - MEMBER .01/02

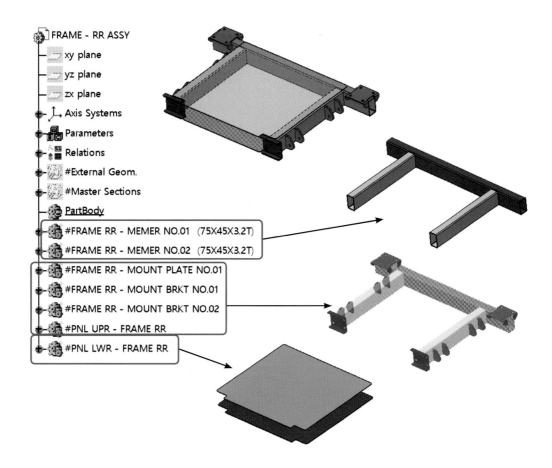

(1) 마스터 스켈레톤 디자인에서 생성한 참조 지오메트리 불러오기

(파일: FRAME - FRT ASSY.igs)

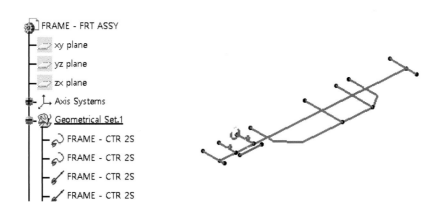

(2) 마스터 지오메트리(Plane, Point, Circle, Sketch)를 동영상을 참고하여 생성한다.

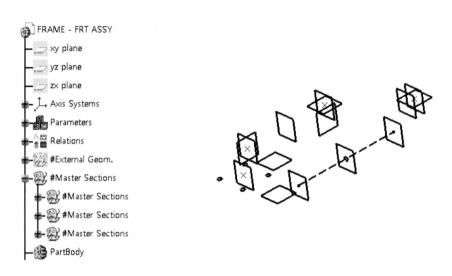

(3) FRAME FR - MEMBER NO.01 동영상을 참고하여 모델링한다.

(4) FRAME FR - MEMBER NO.01 동영상을 참고하여 모델링한다.

(5) FRAME FR - REINF. MEMBER NO.01 동영상을 참고하여 모델링한다.

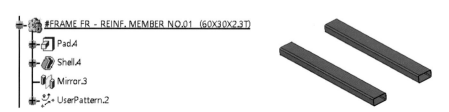

(6) FRAME FR - MOUNT PLATE NO.01 동영상을 참고하여 모델링한다.

(7) FRAME FR - MOUNT BRKT NO.01 동영상을 참고하여 모델링한다.

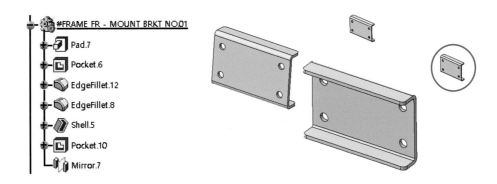

(8) FRAME FR - MOUNT BRKT NO.02 동영상을 참고하여 모델링한다.

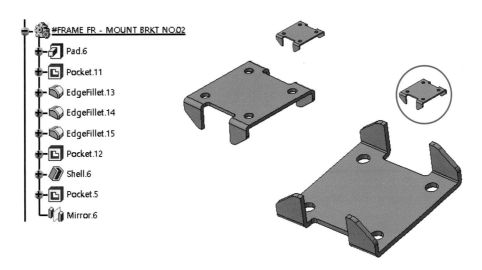

(9) FRAME FR - MOUNT BRKT NO.03 동영상을 참고하여 모델링한다.

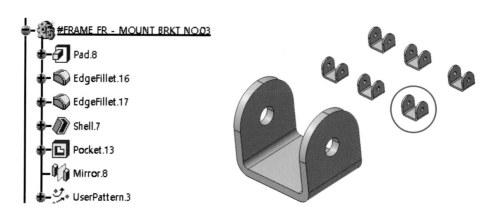

(10) FRAME FR - MOUNT BRKT NO.03 동영상을 참고하여 모델링한다.

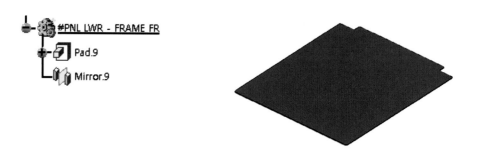

4. 프레임-리어 어셈블리(Frame- Rr Assy)

Frame- Rr Assy는 골격을 구성하기 위해 3개의 멤버(FRAME RR - MEMBER NO.01/02)와 리어 서스펜션 및 프레임 부품과 체결될 수 있는 마운트 브라켓 4개로 구성되며, 용접으로 조립하고, 리어 프레임을 감싸는 커버(PNL UPR/LWR - FR AME RR) 2개로 구성된다.

『네이버 카페 - CHAPER 7 마스터 프로젝트 : STEP 02 | 섀시 프레임 어셈블리』 - 모델링 동영상 및 파일을 업로드하였다.

✓ 사각 파이프(75X45X3.2): FRAME RR - MEMBER .01/02

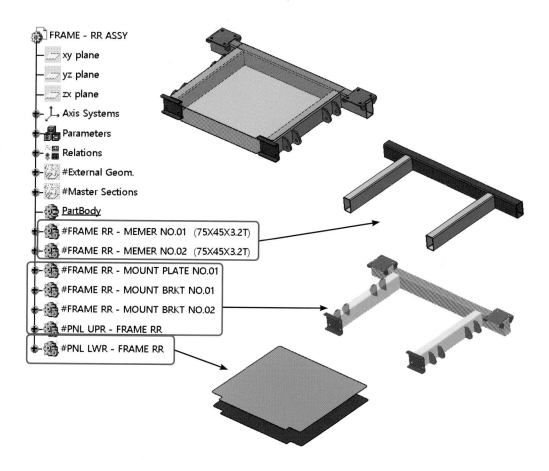

(1) 마스터 스켈레톤 디자인에서 생성한 참조 지오메트리 불러오기

　　(파일: FRAME - RR ASSY.igs)

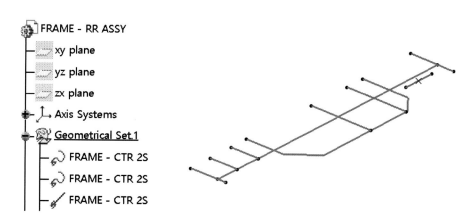

(2) 마스터 지오메트리(Plane, Point, Circle, Sketch)를 동영상을 참고하여 생성한다.

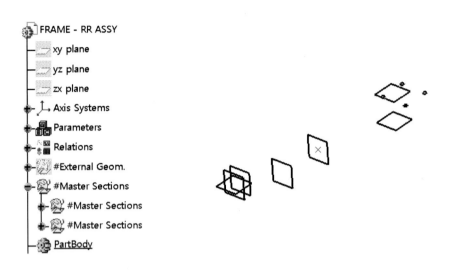

(3) FRAME RR - MEMBER NO.01 동영상을 참고하여 모델링한다.

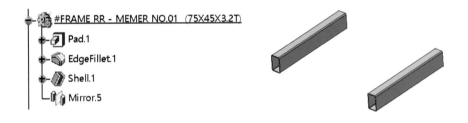

(4) FRAME RR - MEMER NO.02 동영상을 참고하여 모델링한다.

(5) FRAME RR - MOUNT PLATE NO.01 동영상을 참고하여 모델링한다.

(6) FRAME RR - MOUNT BRKT NO.01 동영상을 참고하여 모델링한다.

(7) FRAME RR - MOUNT BRKT NO.02 동영상을 참고하여 모델링한다.

(8) PNL UPR - FRAME RR 동영상을 참고하여 모델링한다.

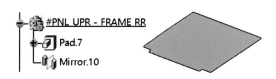

(9) PNL LWR - FRAME RR 동영상을 참고하여 모델
링한다.

5. 프레임-프런트 서스펜션 어셈블리
(Frame-Fr Suspension Assy)

Frame - Fr Suspension Assy Frame - Fr Suspension Assy Lh / Rh와 중간부를 연결하는 Link
Bar - Frame Susp Fr로 조립되어 구성된다.

『네이버 카페 – CHAPER 7 마스터 프로젝트 : STEP 02 | 섀시 프레임 어셈블리』– 모델링 동
영상 및 파일을 업로드하였다.

✓ 사각 파이프 (75X45X3.2): FRAME SUSP FRT - MEMBER NO.01, LINK BAR - FRAME
SUSP FRT

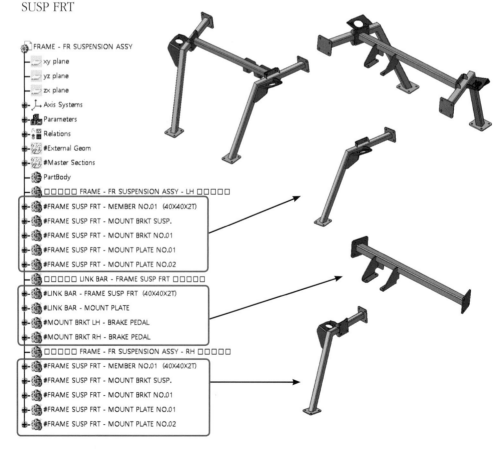

(1) 마스터 스켈레톤 디자인에서 생성한 참조 지오메트리 불러오기

　　(파일: FRAME - FR SUSPENSION ASSY.igs)

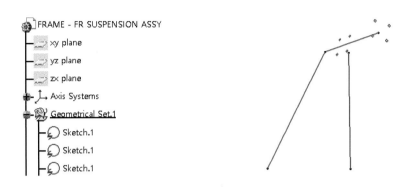

(2) 마스터 지오메트리(Plane, Point, Circle, Sketch)를 동영상을 참고하여 모델링하여 생성한다.

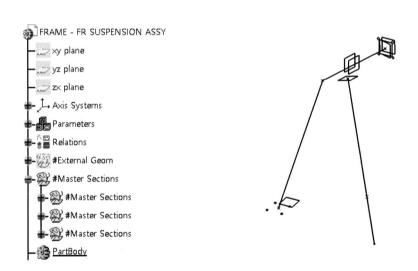

(3) FRAME SUSP FRT - MEMBER NO.01 동영상을 참고하여 모델링한다.

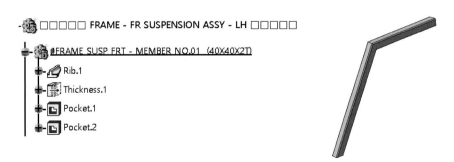

(4) FRAME SUSP FRT - MOUNT BRKT SUSP. 동영상을 참고하여 모델링한다.

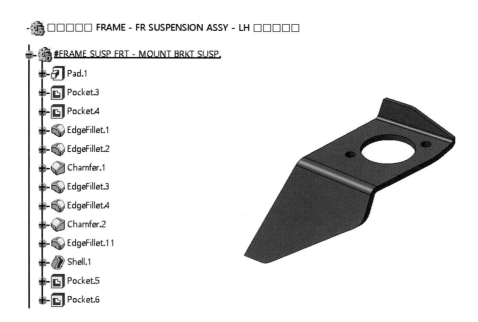

(5) FRAME SUSP FRT - MOUNT BRKT NO.01 동영상을 참고하여 모델링한다.

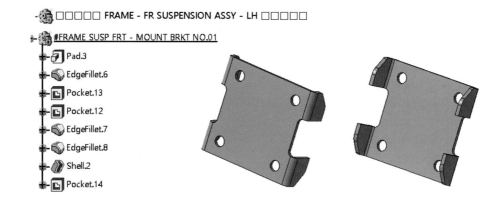

(6) FRAME SUSP FRT - MOUNT PLATE NO.01 동영상을 참고하여 모델링한다.

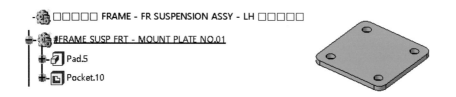

346

(7) FRAME SUSP FRT - MOUNT PLATE NO.02 동영상을 참고하여 모델링한다.

(8) LINK BAR - FRAME SUSP FRT 동영상을 참고하여 모델링한다.

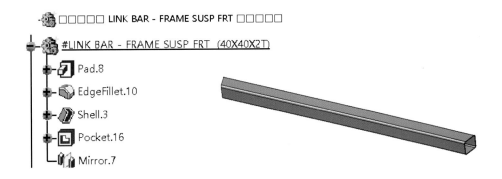

(9) LINK BAR - MOUNT PLATE 동영상을 참고하여 모델링한다.

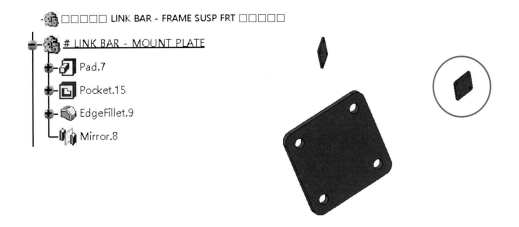

(10) MOUNT BRKT LH - BRAKE PEDAL 동영상을 참고하여 모델링한다.

(11) MOUNT BRKT RH - BRAKE PEDAL 동영상을 참고하여 모델링한다.

(12) FRAME SUSP FRT - MEMBER NO.01 동영상을 참고하여 모델링한다.

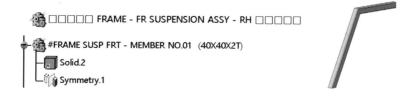

(13) FRAME SUSP FRT - MOUNT BRKT SUSP. 동영상을 참고하여 모델링한다.

(14) FRAME SUSP FRT - MOUNT BRKT SUSP. 동영상을 참고하여 모델링한다.

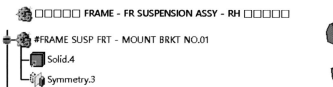

(15) FRAME SUSP FRT - MOUNT PLATE NO.01 동영상을 참고하여 모델링한다.

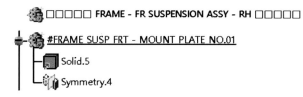

(16) FRAME SUSP FRT - MOUNT PLATE NO.02 동영상을 참고하여 모델링한다.

6. 프레임-리어 서스펜션 어셈블리(Frame-Rr Suspension Assy)

Frame - Rr Suspension Assy은 Frame - Rr Suspension Assy - Lh / Rh와 중간부를 연결하는 Link Bar - Frame Susp Rr로 조립되어 구성된다.

『네이버 카페 - CHAPER 7 마스터 프로젝트 : STEP 02 | 섀시 프레임 어셈블리』 - 모델링 동영상 및 파일을 업로드하였다.

✓ 사각 파이프(40X40X2.0): FRAME SUSP RR - MEMBER NO.01, LINK BAR - FRAME
SUSP RR

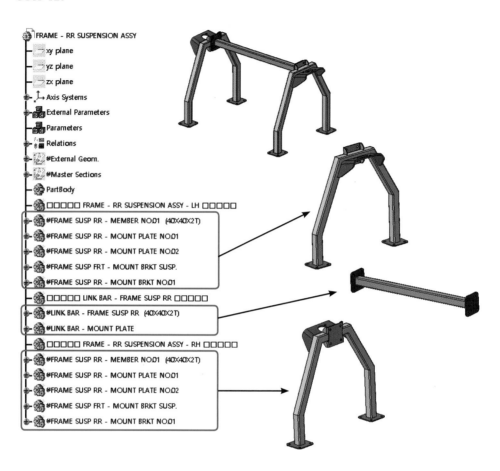

(1) 마스터 스켈레톤 디자인에서 생성한 참조 지오메트리 불러오기

(파일: FRAME - RR SUSPENSION ASSY.igs)

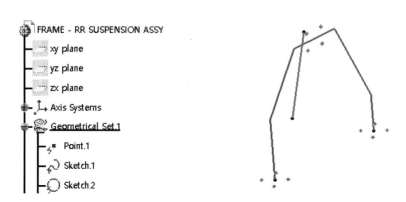

(2) 마스터 지오메트리(Plane, Point, Circle, Sketch)를 동영상을 참고하여 모델링하여 생성
한다.

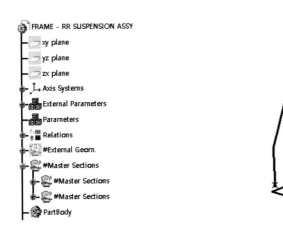

(3) FRAME SUSP RR - MEMBER NO.01 동영상을 참고하여 모델링한다.

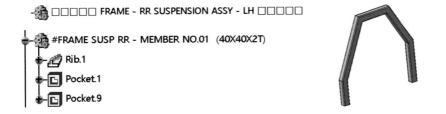

(4) FRAME SUSP RR - MOUNT PLATE NO.01 동영상을 참고하여 모델링한다.

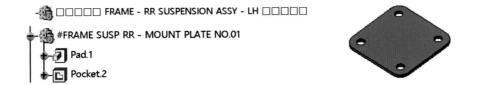

(5) FRAME SUSP RR - MOUNT PLATE NO.02 동영상을 참고하여 모델링한다.

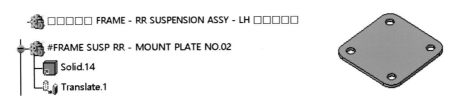

(6) FRAME SUSP FRT - MOUNT BRKT SUSP. 동영상을 참고하여 모델링한다.

-🔧 □□□□□ FRAME - RR SUSPENSION ASSY - LH □□□□□

🔧 **#FRAME SUSP FRT - MOUNT BRKT SUSP.**
- 🔹 Pad.2
- 🔲 Pocket.3
- 🔲 Pocket.4
- 🔹 EdgeFillet.1
- 🔶 Chamfer.1
- 🔹 EdgeFillet.2
- 🔹 EdgeFillet.3
- 🔹 Shell.1
- 🔲 Pocket.5

(7) FRAME SUSP RR - MOUNT BRKT NO.01 동영상을 참고하여 모델링한다.

-🔧 □□□□□ FRAME - RR SUSPENSION ASSY - LH □□□□□

🔧 **#FRAME SUSP RR - MOUNT BRKT NO.01**
- 🔹 Pad.6
- 🔲 Pocket.12
- 🔹 EdgeFillet.4
- 🔲 Pocket.13
- 🔹 EdgeFillet.5
- 🔹 Shell.2
- 🔲 Pocket.11

(8) LINK BAR - FRAME SUSP RR 동영상을 참고하여 모델링한다.

🔧 □□□□□ LINK BAR - FRAME SUSP RR □□□□□

🔧 **#LINK BAR - FRAME SUSP RR (40X40X2T)**
- 🔹 Pad.3
- 🔲 Pocket.10
- 🔹 Mirror.1

(9) LINK BAR - MOUNT PLATE 동영상을 참고하여 모델링한다.

(10) FRAME SUSP RR - MEMBER NO.01 동영상을 참고하여 모델링한다.

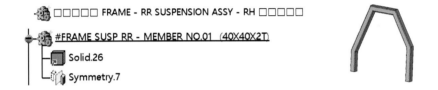

(11) FRAME SUSP RR - MOUNT PLATE NO.01 동영상을 참고하여 모델링한다.

(12) FRAME SUSP RR - MOUNT PLATE NO.02 동영상을 참고하여 모델링한다.

(13) FRAME SUSP FRT - MOUNT BRKT SUSP. 동영상을 참고하여 모델링한다.

(14) FRAME SUSP RR - MOUNT BRKT NO.01 동영상을 참고하여 모델링한다.

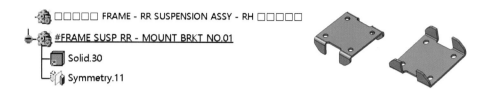

□□□□□ FRAME - RR SUSPENSION ASSY - RH □□□□□

#FRAME SUSP RR - MOUNT BRKT NO.01

└─ Solid.30

└─ Symmetry.11

7. 프레임-스티어링 어셈블리(Frame-Steering Assy)

Frame - Steering Assy 은 프레임 및 스티어링 컬럼과 조립되는 부품으로 멤버와 마운트 플레이트/브라켓으로 구성된다.

『네이버 카페 – CHAPER 7 마스터 프로젝트 : STEP 02 | 섀시 프레임 어셈블리』 – 모델링 동영상 및 파일을 업로드하였다.

✓ 사각 파이프(40X40X2.0): FRAME STEERING - MEMBER

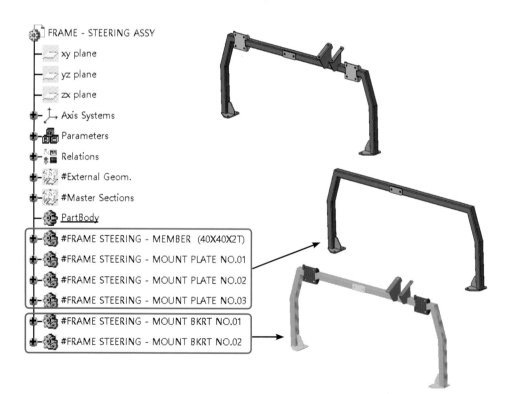

FRAME - STEERING ASSY

— xy plane

— yz plane

— zx plane

— Axis Systems

— Parameters

— Relations

— #External Geom.

— #Master Sections

— PartBody

— #FRAME STEERING - MEMBER (40X40X2T)

— #FRAME STEERING - MOUNT PLATE NO.01

— #FRAME STEERING - MOUNT PLATE NO.02

— #FRAME STEERING - MOUNT PLATE NO.03

— #FRAME STEERING - MOUNT BKRT NO.01

— #FRAME STEERING - MOUNT BKRT NO.02

(1) 마스터 스켈레톤 디자인에서 생성한 참조 지오메트리 불러오기

(파일: FRAME - STEERING ASSY.igs)

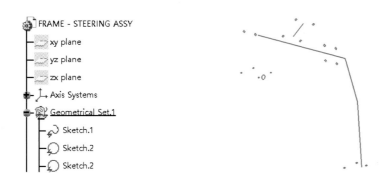

(2) 마스터 지오메트리(Plane, Point, Circle, Sketch)를 동영상을 참고하여 모델링하여 생성
한다.

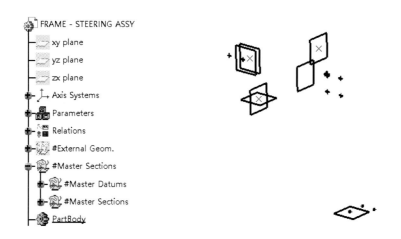

(3) FRAME SUSP RR - MEMBER NO.01 동영상을 참고하여 모델링한다.

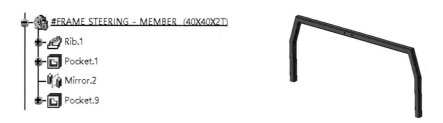

(4) FRAME STEERING - MOUNT PLATE NO.01 동영상을 참고하여 모델링한다.

(5) FRAME STEERING - MOUNT PLATE NO.02 동영상을 참고하여 모델링한다.

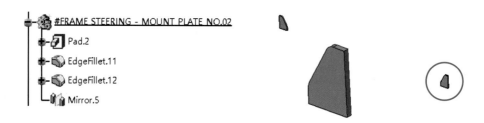

(6) FRAME STEERING - MOUNT PLATE NO.03 동영상을 참고하여 모델링한다.

(7) FRAME STEERING - MOUNT BKRT NO.01 동영상을 참고하여 모델링한다.

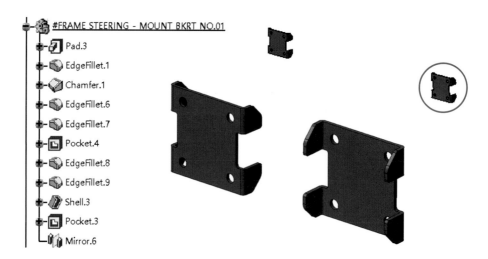

(8) FRAME STEERING - MOUNT BKRT NO.02 동영상을 참고하여 모델링한다.

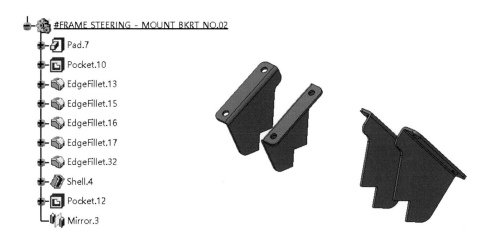

8. 프레임-서포트 어셈블리(Frame-Support Assy)

Frame-Support Assy은 스티어링 프레임 어셈블리를 지지하기 위한 부품으로 멤버와 마운트 플레이트로 구성된다.

『네이버 카페 - CHAPER 7 마스터 프로젝트 : STEP 02 | 섀시 프레임 어셈블리』- 모델링 동영상 및 파일을 업로드하였다.

✓ 사각 파이프(40X40X2.0): RAME SUPPORT - MEMBER

(1) 마스터 스켈레톤 디자인에서 생성한 참조 지오메트리 불러오기

    (파일: FRAME - SUPPORT ASSY.igs)

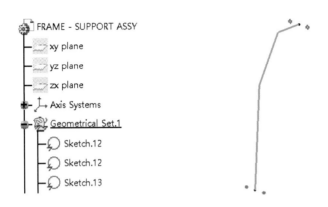

(2) 마스터 지오메트리(Plane, Point, Circle, Sketch)를 동영상을 참고하여 모델링하여 생성

    한다.

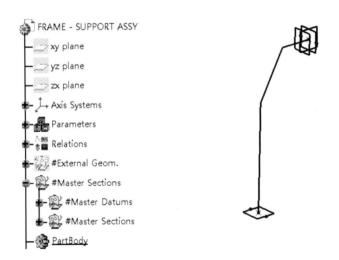

(3) FRAME SUPPORT - MEMBER 동영상을 참고하여 모델링한다.

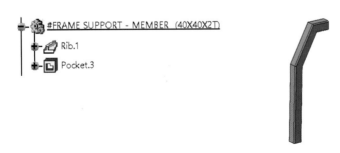

(4) FRAME SUPPORT - MOUNT PLATE NO.01 동영상을 참고하여 모델링한다.

(5) FRAME SUPPORT - MOUNT PLATE NO.02 동영상을 참고하여 모델링한다.

9. 마운트 브라켓-시트(Mount Brkt-Seat)

Mount Brkt-Seat 부품은 시트를 체결하기 위한 마운트 브라켓으로 총 8개의 부품을 구성된다.

『네이버 카페 - CHAPER 7 마스터 프로젝트 : STEP 02 | 섀시 프레임 어셈블리』 - 모델링 동영상 및 파일을 업로드하였다.

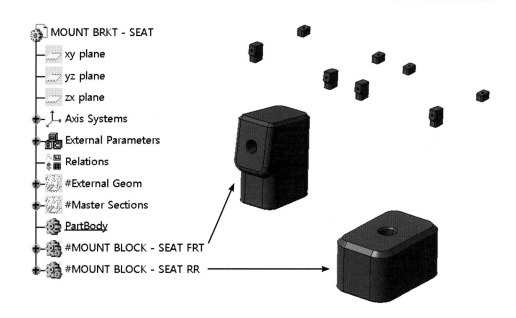

(1) 마스터 스켈레톤 디자인에서 생성한 참조 지오메트리 불러오기

   (파일: MOUNT BRKT - SEAT.igs)

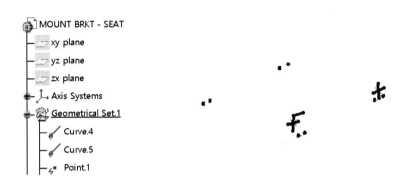

(2) 마스터 지오메트리(Plane, Point, Circle, Sketch)를 동영상을 참고하여 모델링하여 생성
   한다.

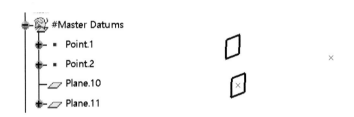

(3) MOUNT BLOCK - SEAT FRT 동영상을 참고하여 모델링한다.

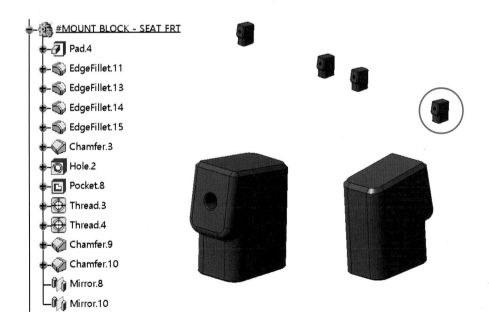

(4) MOUNT BLOCK - SEAT RR 동영상을 참고하여 모델링한다.

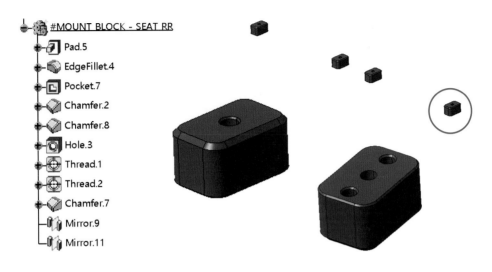

10. 댐퍼 모듈-에어 서스펜션(Damper Module-Air Suspension)

Damper Module-Air Suspension 부품은 Housing, Bush, Rubber 3개의 부품으로 구성되며, 첨부된 도면을 참고하여 개별 좌표로 모델링한다.

『네이버 카페 - CHAPER 7 마스터 프로젝트 : STEP 02 | 섀시 프레임 어셈블리』- 모델링 동영상 및 파일을 업로드하였다.

(도면: DAMPER MODULE - AIR SUSPENSION.pdf)

(1) DAMPER MODULE - HOUSING을 도면 및 동영상을 참고하여 모델링한다.

(2) DAMPER MODULE - RUBBER 도면 및 동영상을 참고하여 모델링한다.

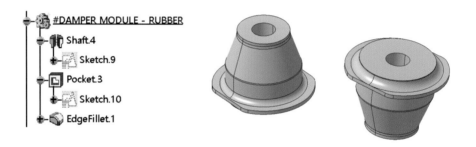

(3) DAMPER MODULE - BUSH 도면 및 동영상을 참고하여 모델링한다.

프런트 서스펜션 시스템
(Fr Suspension System)

1. 프런트 서스펜션 시스템(Fr Suspension System) 개요

프런트 서스펜션 시스템(Fr Suspension System)의 주요 구성 부품은 프런트 너클을 기준으로 로워암 아세이, 허브, 디스크 및 에어 서스펜션 모듈로 조립되어 구성되어 있다. 설계 절차 및 방법은 하향식 모델링(Top-down)으로 해야 하며, 마스터 스켈레톤 디자인의 지오메트리를 참조해서 복합 파트 모델링을 한다.

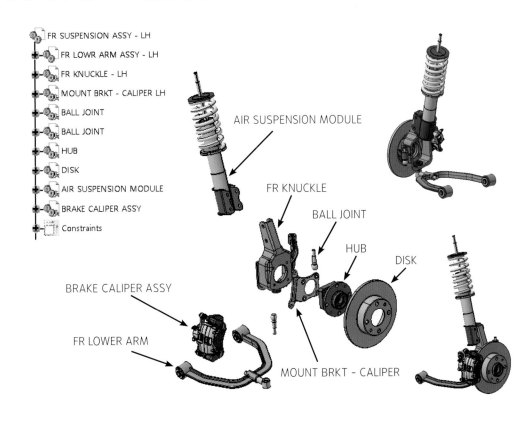

363

2. 프런트 너클-좌(Fr Knuckle- Lh)

프런트 너클 어셈블리의 주요 구성 부품은 Fr Knuckle 을 기준으로 스티어링과 연결되는 Fr Knuckle Arm과 로워 암과 체결되는 Bush - Ball Joint 그리고 에어서스펜션과 체결되는 Bush로 구성되어 있다.

『네이버 카페 - CHAPER 7 마스터 프로젝트 : STEP 03 | 프런트 서스펜션 시스템』 - 모델링 동영상 및 파일을 업로드하였다.

(1) 마스터 스켈레톤 디자인에서 생성한 참조 지오메트리 불러오기

   (파일: FR KNUCKLE - LH.igs)

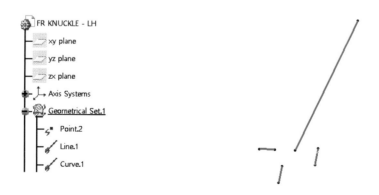

(2) 마스터 지오메트리(Plane, Point, Circle, Sketch)를 동영상을 참고하여 생성한다.

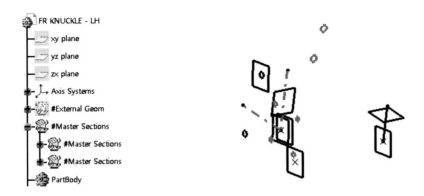

(3) FR KNUCKLE ARM - LH 동영상을 참고하여 모델링한다.

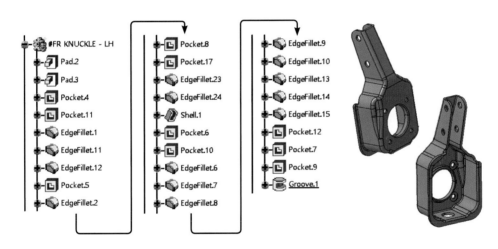

(4) FR KNUCKLE ARM - LH 동영상을 참고하여 복합 파트 모델링을 한다.

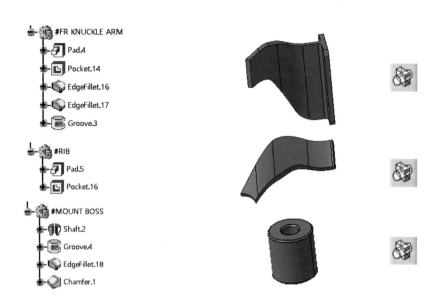

(5) BUSH - BALL JOINT 동영상을 참고하여 모델링한다.

(6) BUSH 동영상을 참고하여 모델링한다.

3. 프런트 너클-우(Fr Knuckle- Rh)

Fr Knuckle- Rh의 대칭 부품을 생성하려면, Fr Knuckle- Lh에서 모델링한 PartBody를 링크 복사하여 대칭 이동시키고 새로운 파일로 저장한다.

『네이버 카페 - CHAPER 7 마스터 프로젝트 : STEP 03 | 프런트 서스펜션 시스템』 - 모델링 동영상 및 파일을 업로드하였다.

(1) FR KNUCKLE - RH.Catpart 파일을 생성하고, FR KNUCKLE - LH와 4개의 PartBody를 다중 선택하고 복사한다.

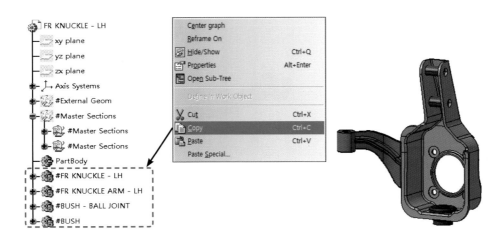

(2) FR KNUCKLE - RH 파일에 4개의 PartBody를 링크로 붙여 넣고 Part Design 워크벤치 에서 Symmerty 명령어를 사용하여 대칭 이동시킨다.

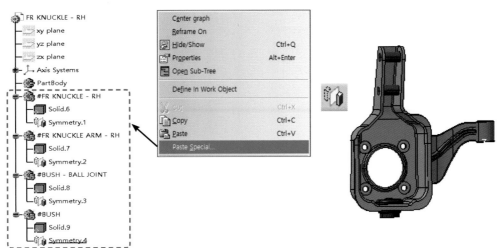

4. 프런트 로워 암-좌(Fr Lower Arm-Lh)

프런트 로워 암 어셈블리의 주요 구성 부품은 Lower Arm 과 Fr Knuckle 과 Link Bar로 구성되어 있다. 모델링 방법은 마스터 스켈레톤 디자인의 지오메트리를 참조해서 차량 좌표를 기준으로 복합 파트 모델링을 해야 한다.

> 『네이버 카페 – CHAPER 7 마스터 프로젝트 : STEP 03 | 프런트 서스펜션 시스템』 – 모델링 동영상 및 파일을 업로드하였다.

(1) 마스터 스켈레톤 디자인에서 생성한 참조 지오메트리 불러오기

    (파일: FR LOWER ARM - LH.igs)

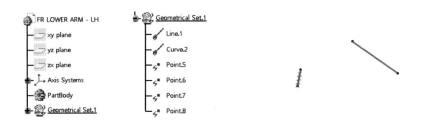

(2) 마스터 지오메트리(Plane, Point, Circle, Sketch)를 동영상을 참고하여 생성한다.

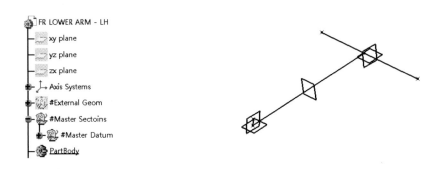

(3) FR KNUCKLE ARM - LH 동영상을 참고하여 복합 파트 모델링을 한다.

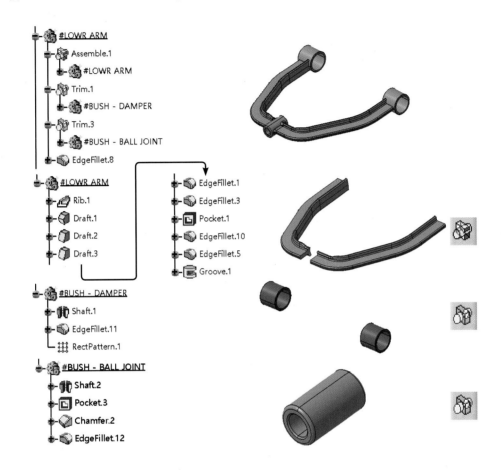

(4) LINK BAR 동영상을 참고하여 모델링한다.

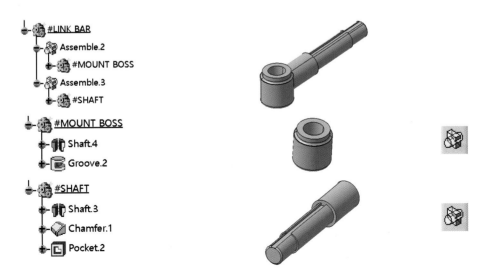

5. 프런트 로워 암-우(Fr Lower Arm-Rh)

Fr Lower Arm-Rh의 대칭 부품을 생성하려면, Fr Lower Arm-Lh에서 모델링한 PartBody를 링크 복사하여 대칭 이동시키고 새로운 파일로 저장한다.

『네이버 카페 – CHAPER 7 마스터 프로젝트 : STEP 03 | 프런트 서스펜션 시스템』 – 모델링 동영상 및 파일을 업로드하였다.

(1) FR LOWER ARM - RH 이름으로 .Catpart 파일을 생성하고 FR LOWER ARM - LH와 2개의 PartBody를 다중 선택하고 복사한다.

(2) FR LOWER ARM - RH 파일에 2R개의 PartBody를 링크로 붙여넣고, Part Design 워크벤치에서 Symmerty 명령어를 사용하여 대칭 이동시킨다.

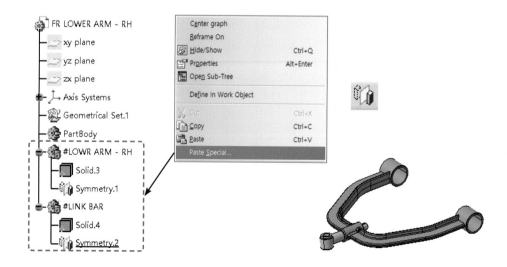

6. 댐퍼 -로워 암(Damper-Lower Arm)

Damper-Lower Arm 부품은 Shaft, Bush, Rubber 3개의 부품으로 구성되며, 공용 부품으로 사용하기 때문에 개별 좌표로 모델링한다.

『네이버 카페 - CHAPER 7 마스터 프로젝트 : STEP 03 | 프런트 서스펜션 시스템』- 모델링 동영상 및 파일을 업로드하였다.

(1) Shaft 도면 및 동영상을 참고하여 모델링한다.

　　(도면: DAMPER - LOWER ARM.pdf)

(2) Bush 도면 및 동영상을 참고하여 모델링한다.

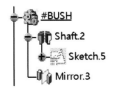

(3) DAMPER 도면 및 동영상을 참고하여 모델링한다.

7. 마운트 브라켓-캘리퍼 좌(Mount Brkt - Caliper Lh)

Mount Brkt - Caliper Lh는 너클과 브레이크 캘리퍼랑 조립되어 체결되는 부품이다. 프런트/리어 너클과 공용으로 조립되는 부품이기 때문에 개별 좌표로 모델링한다.

『네이버 카페 – CHAPER 7 마스터 프로젝트 : STEP 03 | 프런트 서스펜션 시스템』 – 모델링 동영상 및 파일을 업로드하였다.

(1) MOUNT BRKT - CALIPER 참조 지오메트리 불러오기

(파일: MOUNT BRKT - CALIPER.igs)

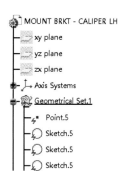

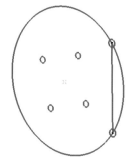

(2) 마스터 지오메트리(Plane, Point, Circle, Sketch)를 동영상을 참고하여 생성한다.

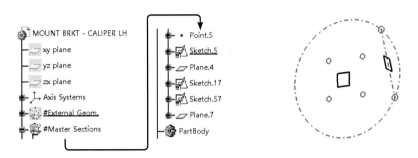

(3) PLATE - KNUCKLE RR - LH 동영상을 참고하여 복합 파트 모델링을 한다.

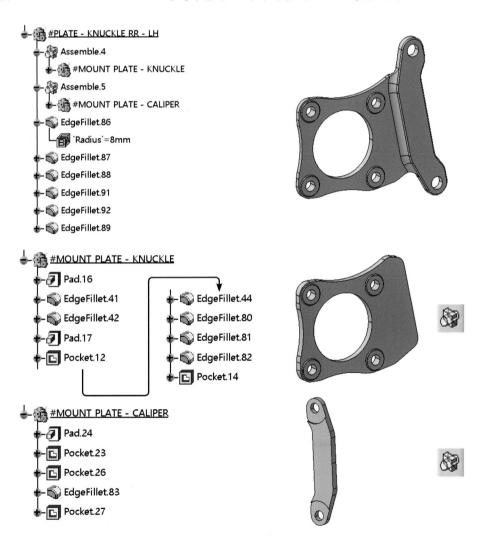

8. 마운트 브라켓-캘리퍼 우(Mount Brkt - Caliper Rh)

Mount Brkt - Caliper Rh 를 생성하려면, Mount Brkt - Caliper Lh 에서 모델링한 PartBody를 링크 복사하여 대칭 이동시킨다.

『네이버 카페 – CHAPER 7 마스터 프로젝트 : STEP 03 │ 프런트 서스펜션 시스템』 – 모델링 동영상 및 파일을 업로드하였다.

(1) MOUNT BRKT - CALIPER RH.Catpart 파일을 생성하고 MOUNT BRKT - CALIPER LH 와 PartBody를 선택하고 복사한다.

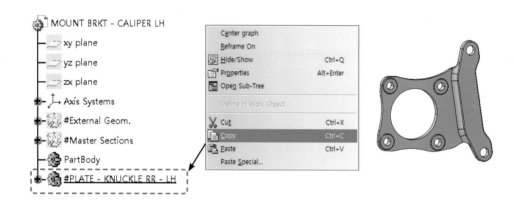

(2) MOUNT BRKT - CALIPER RH 파일에 PartBody를 링크로 붙여넣고, PartDesign 워크벤 치에서 Symmerty 명령어를 사용하여 대칭 이동시킨다.

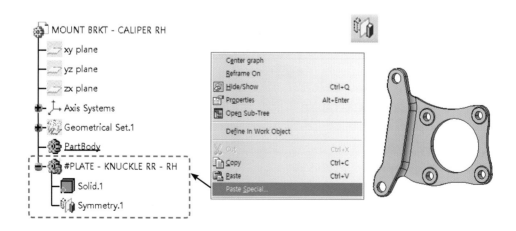

9. 허브(Hub)

Hub는 프런트 리어 너클로 조립되어 체결되는 공용 부품으로 사용하기 때문에 개별 좌표로 모델링한다.

『네이버 카페 – CHAPER 7 마스터 프로젝트 : STEP 03 | 프런트 서스펜션 시스템』 – 모델링 동영상 및 파일을 업로드하였다.

(1) HUB 참조 지오메트리 불러오기(파일: HUB.igs)

(2) 마스터 지오메트리(Plane, Point, Circle, Sketch)를 동영상을 참고하여 생성한다.

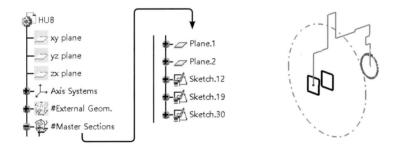

(3) HUB 동영상을 참고하여 모델링한다.

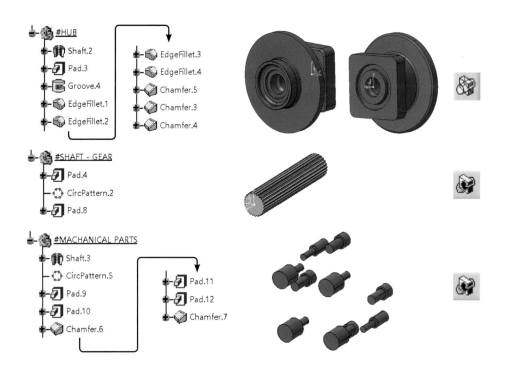

10. 디스크(Disk)

Disk 는 공용부품으로 사용하기 때문에 개별좌표로 모델링한다. (도면 : DISK.pdf)

『네이버 카페 – CHAPER 7 마스터 프로젝트 : STEP 03 | 프런트 서스펜션 시스템』 – 모델링 동영상 및 파일을 업로드하였다.

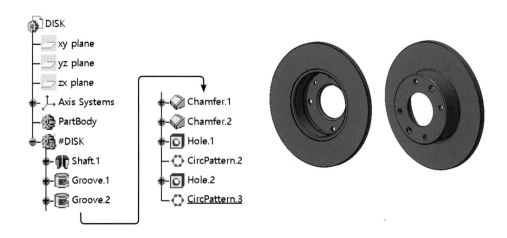

11. 볼 조인트(Ball Joint)

Ball Joint 는 공용 부품으로 사용하기 때문에 개별 좌표로 모델링한다. (도면: BALL JOINT.pdf)

『네이버 카페 – CHAPER 7 마스터 프로젝트 : STEP 03 | 프런트 서스펜션 시스템』– 모델링 동영상 및 파일을 업로드하였다.

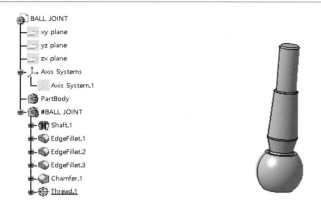

12. 에어 서스펜션(Air Suspension)

Air Suspension 은 구매 부품으로 프런트 및 리어 너클로 조립되어 체결되는 공용 부품으로 사용하기 때문에 개별 좌표로 모델링한다.

『네이버 카페 – CHAPER 7 마스터 프로젝트 : STEP 03 | 프런트 서스펜션 시스템』– 모델링 동영상 및 파일을 업로드하였다.

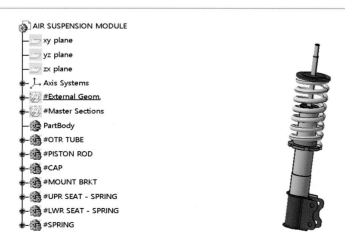

(1) AIR SUSPENSION MODULE 참조 지오메트리 불러오기

  (파일: AIR SUSPENSION MODULE.igs)

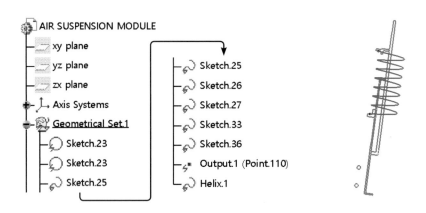

(2) 마스터 지오메트리(Plane, Point, Circle, Sketch)를 동영상을 참고하여 생성한다.

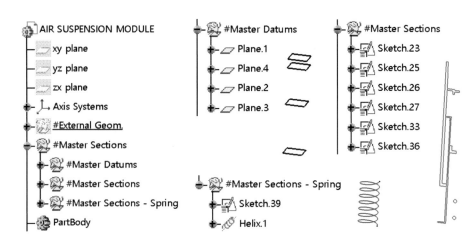

(3) OTR TUBE 동영상을 참고하여 모델링한다.

(4) PISTON ROD 동영상을 참고하여 모델링한다.

(5) CAP 동영상을 참고하여 모델링한다.

(6) MOUNT BRKT 동영상을 참고하여 모델링한다.

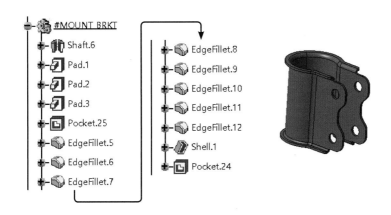

(7) UPR SEAT - SPRING 동영상을 참고하여 모델링한다.

(8) LWR SEAT - SPRING 동영상을 참고하여 모델링한다.

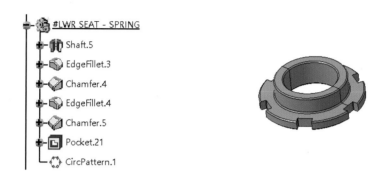

(9) SPRING 동영상을 참고하여 모델링한다.

STEP 04 리어 서스펜션 시스템 (Rr Suspension System)

1. 리어 서스펜션 시스템(Rr Suspension System) 개요

리어 서스펜션 시스템(Rr Suspension System)의 주요 구성 부품은 리어 너클을 기준으로 로워암 아세이, 허브, 디스크 및 에어 서스펜션 모듈로 조립되어 구성되어 있다. 설계 절차 및 방법은 하향식 모델링(Top-down)으로 해야 하며, 마스터 스켈레톤 디자인의 지오메트리를 참조해서 복합 파트 모델링을 한다.

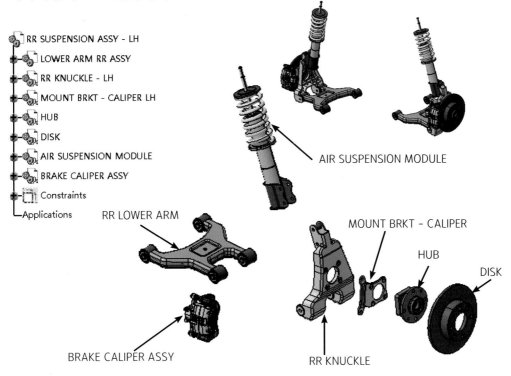

RR SUSPENSION ASSY - LH
  LOWER ARM RR ASSY
  RR KNUCKLE - LH
  MOUNT BRKT - CALIPER LH
  HUB
  DISK
  AIR SUSPENSION MODULE
  BRAKE CALIPER ASSY
  Constraints
Applications

AIR SUSPENSION MODULE

RR LOWER ARM

MOUNT BRKT - CALIPER

HUB

DISK

BRAKE CALIPER ASSY

RR KNUCKLE

2. 리어 너클-좌(Rr Knuckle- Lh)

리어 너클의 주요 구성 부품은 Rr Knuckle과 Bush로 구성되어 있다.

『네이버 카페 – CHAPER 7 마스터 프로젝트 : STEP 04 | 리어 서스펜션 시스템』 – 모델링 동영상 및 파일을 업로드하였다.

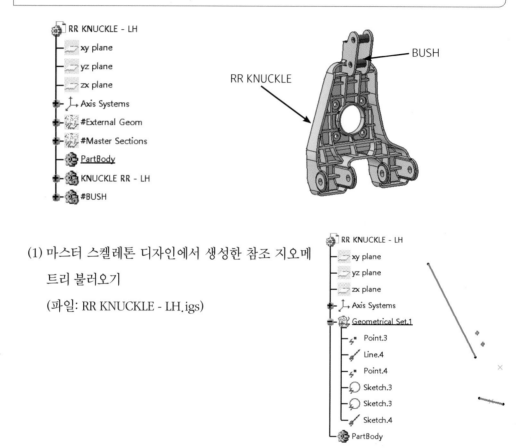

(1) 마스터 스켈레톤 디자인에서 생성한 참조 지오메트리 불러오기

　　(파일: RR KNUCKLE - LH.igs)

(2) 마스터 지오메트리(Plane, Point, Circle, Sketch)를 동영상을 참고하여 생성한다.

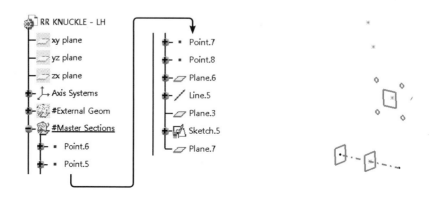

(3) FR KNUCKLE ARM - LH 동영상을 참고하여 복합 파트 모델링을 한다.

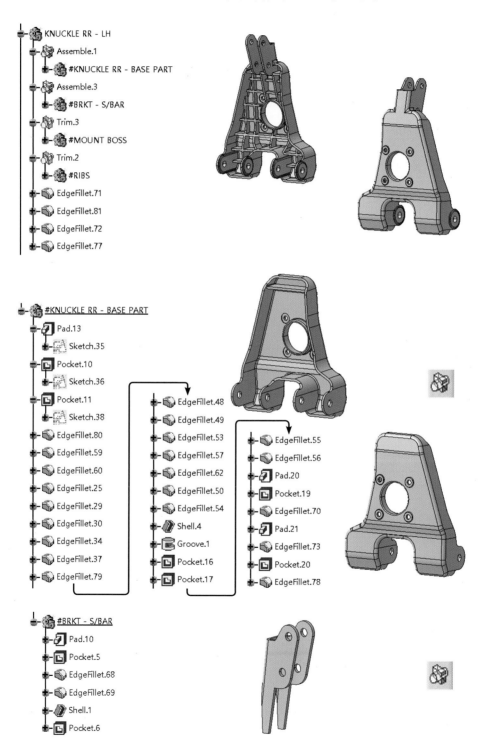

- 🔩 KNUCKLE RR - LH
  - 🔩 Assemble.1
    - 🔩 #KNUCKLE RR - BASE PART
  - 🔩 Assemble.3
    - 🔩 #BRKT - S/BAR
  - ✂️ Trim.3
    - 🔩 #MOUNT BOSS
  - ✂️ Trim.2
    - 🔩 #RIBS
  - 🔩 EdgeFillet.71
  - 🔩 EdgeFillet.81
  - 🔩 EdgeFillet.72
  - 🔩 EdgeFillet.77

- 🔩 #KNUCKLE RR - BASE PART
  - 🔩 Pad.13
    - ✏️ Sketch.35
  - 🔩 Pocket.10
    - ✏️ Sketch.36
  - 🔩 Pocket.11
    - ✏️ Sketch.38
  - 🔩 EdgeFillet.80
  - 🔩 EdgeFillet.59
  - 🔩 EdgeFillet.60
  - 🔩 EdgeFillet.25
  - 🔩 EdgeFillet.29
  - 🔩 EdgeFillet.30
  - 🔩 EdgeFillet.34
  - 🔩 EdgeFillet.37
  - 🔩 EdgeFillet.79

  - 🔩 EdgeFillet.48
  - 🔩 EdgeFillet.49
  - 🔩 EdgeFillet.53
  - 🔩 EdgeFillet.57
  - 🔩 EdgeFillet.62
  - 🔩 EdgeFillet.50
  - 🔩 EdgeFillet.54
  - 🔩 Shell.4
  - 🔩 Groove.1
  - 🔩 Pocket.16
  - 🔩 Pocket.17

  - 🔩 EdgeFillet.55
  - 🔩 EdgeFillet.56
  - 🔩 Pad.20
  - 🔩 Pocket.19
  - 🔩 EdgeFillet.70
  - 🔩 Pad.21
  - 🔩 EdgeFillet.73
  - 🔩 Pocket.20
  - 🔩 EdgeFillet.78

- 🔩 #BRKT - S/BAR
  - 🔩 Pad.10
  - 🔩 Pocket.5
  - 🔩 EdgeFillet.68
  - 🔩 EdgeFillet.69
  - 🔩 Shell.1
  - 🔩 Pocket.6

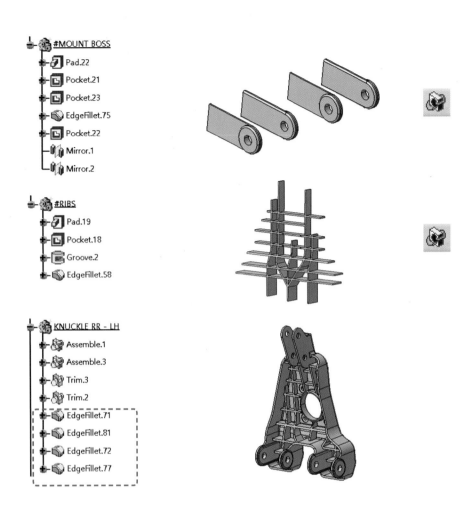

(4) BUSH를 동영상을 참고하여 모델링한다.

3. 리어 너클-우(Rr Knuckle- Rh)

Rr Knuckle- Rh 의 대칭 부품을 생성하려면, Rr Knuckle- Lh에서 모델링한 PartBody를 링크 복사하여 대칭 이동시키고 새로운 파일로 저장한다.

> 『네이버 카페 – CHAPER 7 마스터 프로젝트 : STEP 04 | 리어 서스펜션 시스템』 – 모델링 동영상 및 파일을 업로드하였다.

(1) RR KNUCKLE - RH.Catpart 파일을 생성하고 RR KNUCKLE - LH와 2개의 PartBody를 선택하고 복사한다.

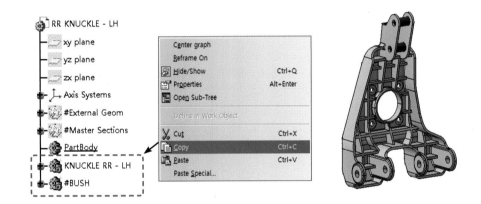

(2) RR KNUCKLE - RH 파일에 2개의 PartBody를 링크로 붙여넣고 Part Design 워크벤치에서 Symmerty 명령어를 사용하여 대칭 이동 시킨다.

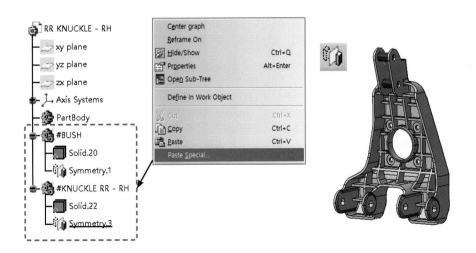

4. 리어 로워 암(Rr Lower Arm)

Rr Lower Arm의 주요 구성 부품은 PNL - UPR / LWR 두 개의 부품과 Bush가 용접되어 하나의 파트로 구성된다. 모델링 방법은 마스터 스켈레톤 디자인의 지오메트리를 참조해서 차량 좌표를 기준으로 복합 파트 모델링한다.

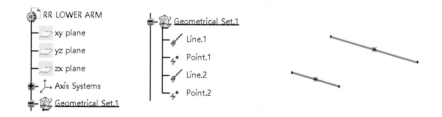

『네이버 카페 - CHAPER 7 마스터 프로젝트 : STEP 04 | 리어 서스펜션 시스템』 - 모델링 동영상 및 파일을 업로드하였다.

(1) 마스터 스켈레톤 디자인에서 생성한 참조 지오메트리 불러오기

   (파일: RR LOWER ARM.igs)

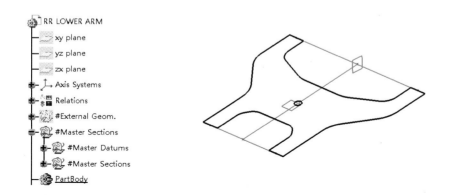

(2) 마스터 지오메트리(Plane, Point, Circle, Sketch)를 동영상을 참고하여 생성한다.

(3) PNL - UPR을 동영상을 참고하여 모델링한다.

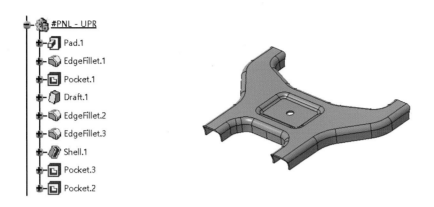

(4) PNL - LWR을 동영상을 참고하여 모델링한다.

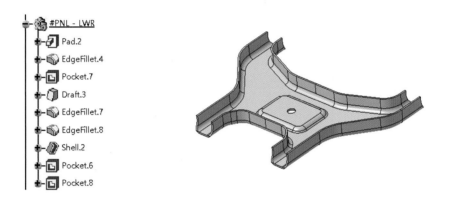

(5) BUSH를 동영상을 참고하여 모델링한다.

STEP 05 림 앤 타이어 어셈블리
(Rim & Tire Assy)

1. 림(Rim)

림(Rim)은 서스펜션 디스크에 조립 체결되는 공용 부품으로 사용하기 때문에 개별 좌표로 구성하여 복합 파트 모델링한다.

> 『네이버 카페 – CHAPER 7 마스터 프로젝트 : STEP 05 ㅣ 림 / 타이어 어셈블리』 – 모델링 동 영상 및 파일을 업로드하였다.

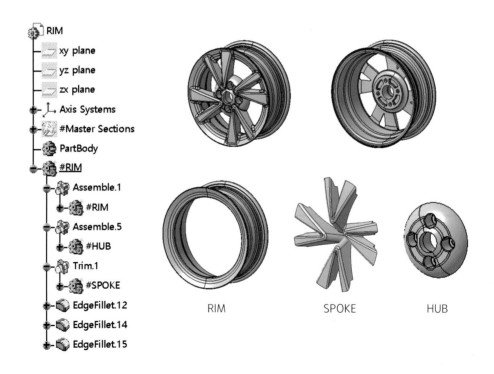

RIM   SPOKE   HUB

(1) 마스터 스켈레톤 디자인에서 생성한 참조 지오메트리 불러오기

(파일: RIM.igs)

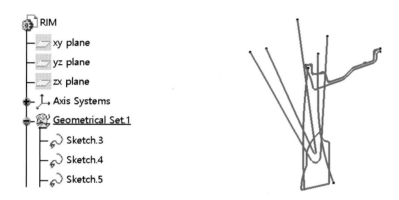

(2) 마스터 지오메트리(Plane, Point, Circle, Sketch)를 동영상을 참고하여 생성한다.

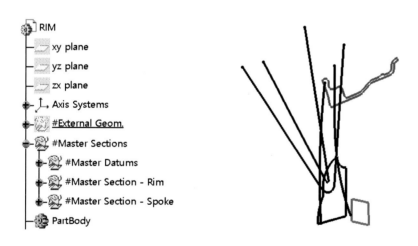

(3) RIM을 동영상을 참고하여 모델링한다.

(4) HUB를 동영상을 참고하여 모델링한다.

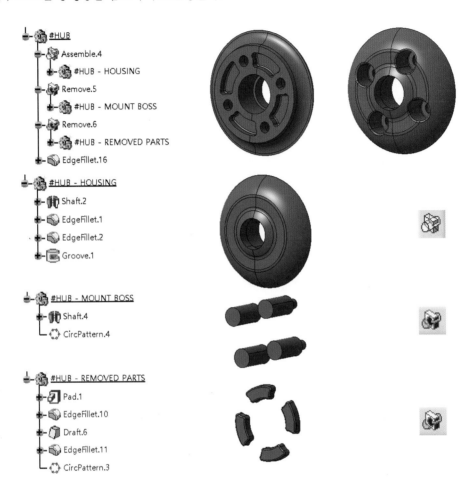

(5) SPOKE를 동영상을 참고하여 모델링한다.

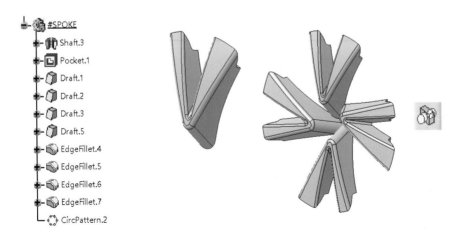

(6) 라운드를 반영하고 최종 형상을 확인한다.

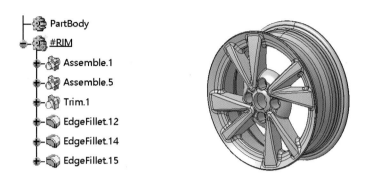

2. 타이어(Tire)

타이어(Tire)는 림과 조립되는 공용 부품으로 사용하기 때문에 개별 좌표로 구성하여 복합
파트 모델링한다.

『네이버 카페 – CHAPER 7 마스터 프로젝트 : STEP 05 | 림 / 타이어 어셈블리』 – 모델링 동
영상 및 파일을 업로드하였다.

TIRE   GROOVE   TREAD

(1) 마스터 스켈레톤 디자인에서 생성한 참조
    지오메트리 불러오기
    (파일: TIRE.igs)

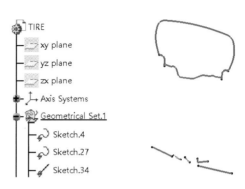

(2) 마스터 지오메트리(Plane, Point, Circle,
    Sketch)를 동영상을 참고하여 생성한다.

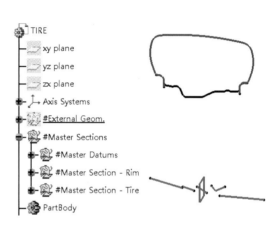

(3) TIRE를 동영상을 참고하여 모델링한다.

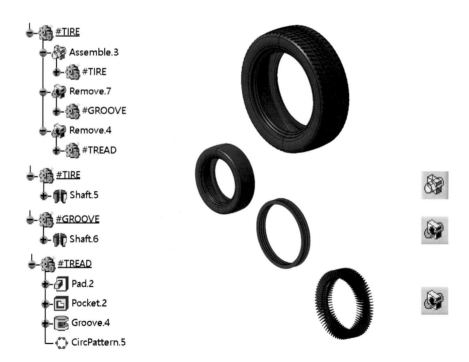

STEP 06 스마트 모빌리티 섀시 어셈블리 (Smart Mobiltiy Chassis Assy)

1. 섀시 프레임 어셈블리(Chassis Frame Assy)

Chassis Frame Assy는 7개의 프레임 파일과 마운트 브라켓 - 시트는 차량 좌표를 기준 모델링하였기 때문에 파일을 불러오면 조립된 상태로 나타난다. 어셈블리 위치가 이동하지 않게 고정(Fix) 명령어를 선택해서 정렬시킨다. 댐퍼 모듈의 경우 개별 좌표로 모델링을 하였기 때문에 프레임에 조립되는 위치에 자유도를 구속해서 정렬시킨다.

『네이버 카페 - CHAPER 7 마스터 프로젝트 : STEP 06 | 스마트 모빌리티 섀시 어셈블리』 - 모델링 동영상을 업로드하였다.

(1) 7개의 FRAME - *** ASSY 및 MOUNT BRKT - SEAT 파일을 불러오고 어셈블리에서 위
치가 이동하지 않게 고정(Fix) 명령어 선택해서 구속시킨다.

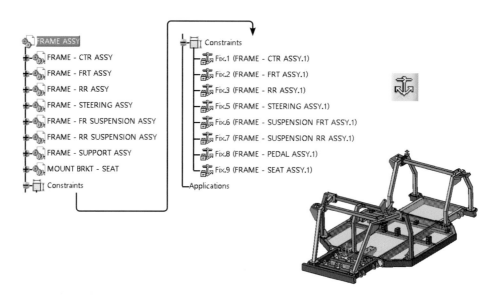

(2) DAMPER MODULE - AIR SUSPENSION 파일을 불러오고 프레임에 조립 및 체결되는
위치에 자유도를 구속시켜 정렬시킨다.

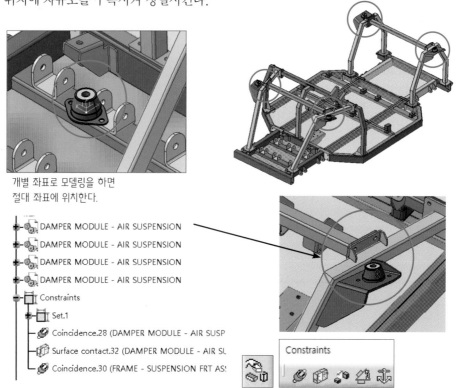

2. 프런트 서스펜션 시스템 어셈블리 - 좌 (Fr Suspension System Assy -Lh)

Fr Suspension System Assy -Lh는 1개의 프로덕트와 7개의 파트 파일로 구성되어 있다. Fr Lower Arm Assy와 Fr Knuckle - Lh 파일을 불러오면 차량 좌표 위치로 조립된 상태로 나타나고 어셈블리 위치가 이동하지 않게 고정(Fix) 명령어를 선택해서 정렬시킨다.

개별 좌표로 모델링된 Hub, Disk, Ball Joint 그리고 Air Suspension 경우 공용으로 사용하는 부품이고 Mount Brkt - Caliper Lh의 경우 대칭되는 파트이다. Fr Knuckle - Lh를 기준으로 조립 및 체결되는 위치에 정렬시키면 된다.

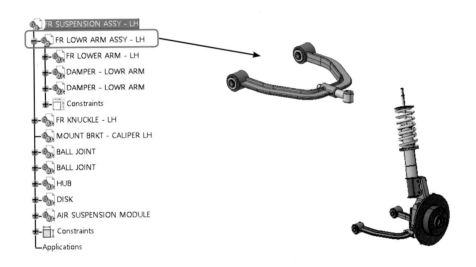

『네이버 카페 - CHAPER 7 마스터 프로젝트 : STEP 06 | 스마트 모빌리티 섀시 어셈블리』 - 모델링 동영상을 업로드하였다.

(1) FR LOWR ARM ASSY - LH 이름으로 프로덕트 파일을 생성한다.

FR LOWER ARM - LH를 기준으로 DAMPER - LOWR ARM를 조립 및 체결되는 위치에 자유도를 구속시켜 정렬시킨다.

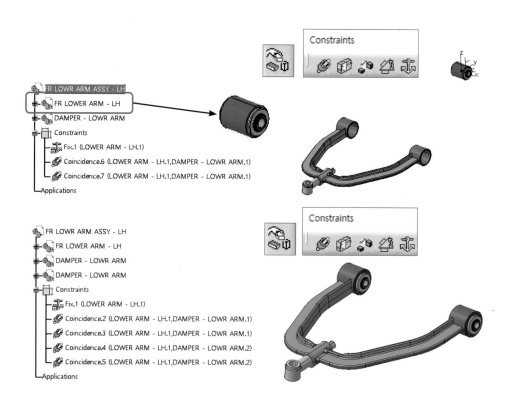

(2) FR SUSPENSION ASSY - LH 이름으로 프로덕트 파일을 생성한다. FR LOWER ARM - LH와 FR KNUCKLE - LH 파일을 불러오면 차량 좌표 위치로 나타나고, 어셈블리 위치가 이동하지 않게 고정(Fix) 명령어를 선택해서 정렬시킨다.

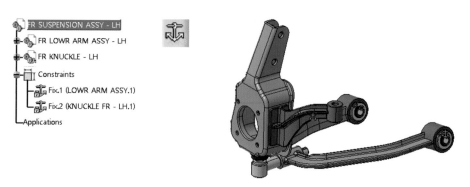

(3) MOUNT BRKT - CALIPER LH 파일을 불러오고, FR KNUCKLE - LH를 기준으로
DAMPER - LOWR ARM를 조립하여 정렬시킨다.

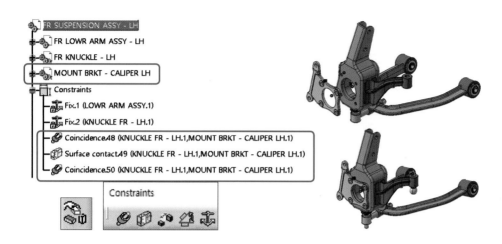

(4) 2개의 BALL JOIN 파일을 불러오고 FR KNUCKLE - LH의 #External Geom의 엘리먼트
를 기준으로 조립하여 정렬시킨다.

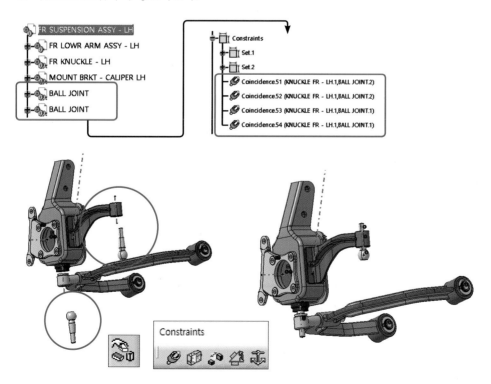

(5) HUB 파일을 불러오고, FR KNUCKLE - LH를 기준으로 조립하여 정렬시킨다.

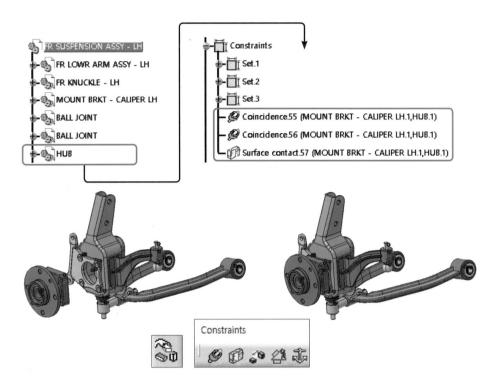

(6) DISK 파일을 불러오고, FR KNUCKLE - LH를 기준으로 조립하여 정렬시킨다.

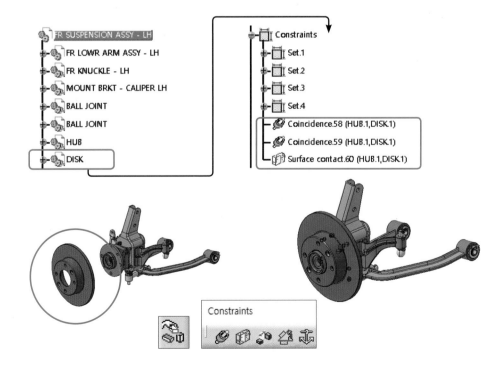

(7) AIR SUSPENSION MODULE 파일을 불러오고, FR KNUCKLE - LH를 기준으로 조립하여 정렬시킨다.

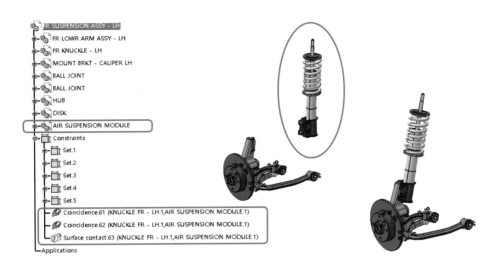

3. 프런트 서스펜션 시스템 어셈블리-우 (Fr Suspension System Assy -Rh)

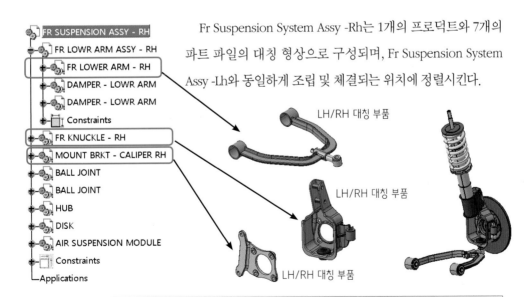

Fr Suspension System Assy -Rh는 1개의 프로덕트와 7개의 파트 파일의 대칭 형상으로 구성되며, Fr Suspension System Assy -Lh와 동일하게 조립 및 체결되는 위치에 정렬시킨다.

LH/RH 대칭 부품

LH/RH 대칭 부품

LH/RH 대칭 부품

『네이버 카페 - CHAPER 7 마스터 프로젝트 : STEP 06 | 스마트 모빌리티 섀시 어셈블리』 - 모델링 동영상을 업로드하였다.

4. 리어 서스펜션 시스템 어셈블리 – 좌
(Rr Suspension System Assy –Lh)

Rr Suspension System Assy -Lh는 1개의 프로덕트와 5개의 파트 파일로 구성되어 있다. Rr Lower Arm Assy와 RR Knuckle - Lh의 파일을 불러오면 차량 좌표 위치로 조립된 상태로 나타나고 어셈블리 위치가 이동하지 않게 고정(Fix) 명령어를 선택해서 정렬시킨다.

개별 좌표로 모델링된 Hub, Disk, Ball Joint 그리고 Air Suspension 경우 공용으로 사용하는 부품이고 Mount Brkt - Caliper Lh의 경우 대칭되는 파트이다. RR Knuckle - Lh을 기준으로 조립 및 체결되는 위치에 정렬시키면 된다.

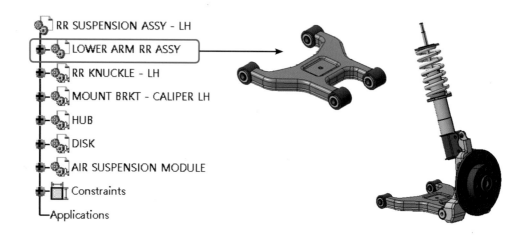

『네이버 카페 – CHAPER 7 마스터 프로젝트 : STEP 06 | 스마트 모빌리티 섀시 어셈블리』 – 모델링 동영상을 업로드하였다.

(1) FR LOWR ARM ASSY - LH 이름으로 프로덕트 파일을 생성한다.

RR LOWER ARM - LH를 기준으로 4개의 DAMPER - LOWR ARM를 조립 및 체결되는 위치에 자유도를 구속시켜 정렬시킨다.

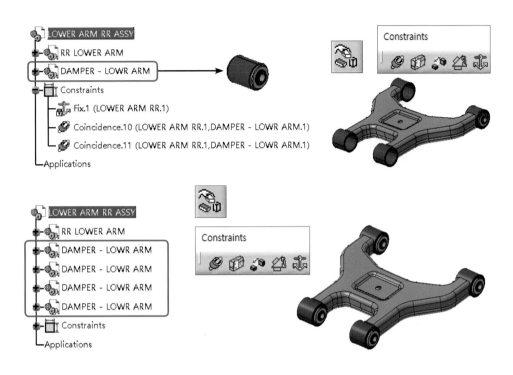

(2) RR SUSPENSION ASSY - LH 이름으로 프로덕트 파일을 생성한다.

RR LOWER ARM - LH와 RR KNUCKLE - LH 파일을 불러오면 차량 좌표 위치로 나타나

고 어셈블리 위치가 이동하지 않게 고정(Fix) 명령어를 선택해서 정렬시킨다.

(3) MOUNT BRKT - CALIPER LH 파일을 불러오고, FR KNUCKLE - LH를 기준으로 DAMPER
- LOWR ARM를 조립하여 정렬시킨다

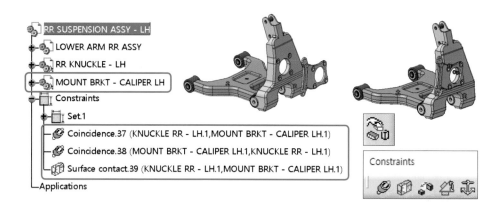

(4) HUB 파일을 불러오고, RR KNUCKLE - LH의 기준으로 조립하여 정렬시킨다.

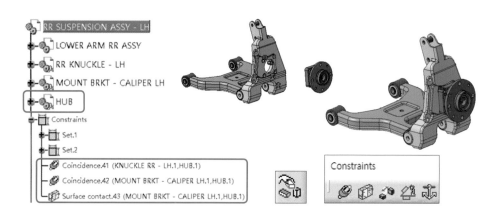

(5) DISK 파일을 불러오고, RR KNUCKLE - LH의 기준으로 조립하여 정렬시킨다.

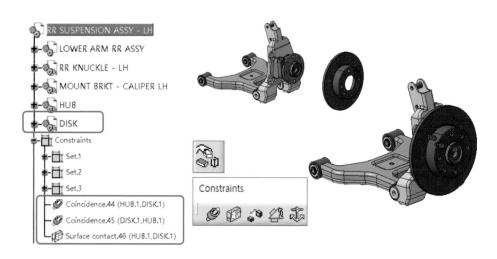

(6) AIR SUSPENSION MODULE 파일을 불러오고, FR KNUCKLE - LH의 기준으로 조립하여 정렬시킨다.

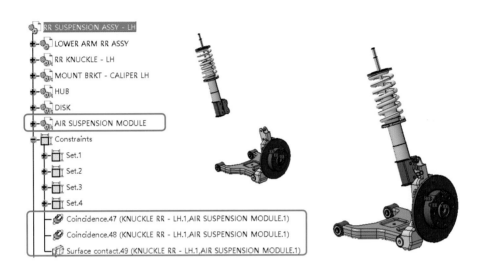

5. 리어 서스펜션 시스템 어셈블리- 우
(Rr Suspension System Assy -Rh)

Rr Suspension System Assy -Rh는 1개의 프로덕트와 5개의 파트 파일의 대칭 형상으로 구성되며, Rr Suspension System Assy -Lh와 동일하게 조립 및 체결되는 위치에 정렬시킨다.

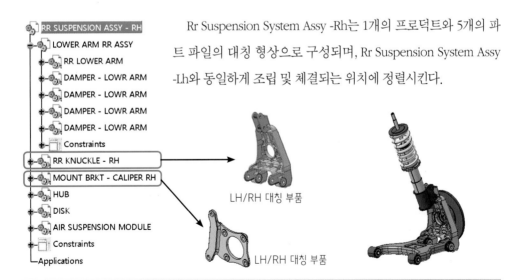

LH/RH 대칭 부품

LH/RH 대칭 부품

『네이버 카페 - CHAPER 7 마스터 프로젝트 : STEP 06 | 스마트 모빌리티 섀시 어셈블리』 - 모델링 동영상을 업로드하였다.

6. 림 앤 타이어 어셈블리(Rim & Tire Assy)

타이어와 림은 같은 좌표에 모델링하였기 때문에 프로덕트에서 파트 파일을 불러왔을 때,
동일하게 위치하며 이동하거나 움직이지 않게 고정(Fix) 명령어를 선택해서 정렬시킨다.

『네이버 카페 − CHAPER 7 마스터 프로젝트 : STEP 06 ㅣ 스마트 모빌리티 섀시 어셈블리』 −
모델링 동영상을 업로드하였다.

7. 스마트 모빌리티 섀시 어셈블리
(Total Smart Mobiltiy Chassis Assy)

프레임 어셈블리와 섀시 시스템은 차량 좌표에 맞게 정렬되어 위치하며, 림 앤 타이어 어셈블
리는 개별 좌표에 맞게 어셈블리를 하였기 때문에 조립 및 체결되는 위치에 정렬을 해야 한다.

『네이버 카페 − CHAPER 7 마스터 프로젝트 : STEP 06 ㅣ 스마트 모빌리티 섀시 어셈블리』 −
모델링 동영상을 업로드하였다.

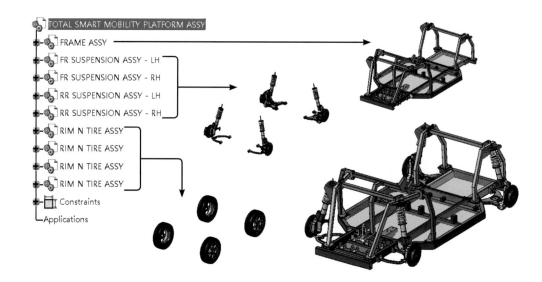

(1) FRAME ASSY.product 파일을 불러오고, 고정(Fix) 명령어를 사용하여 위치를 정렬시킨다.

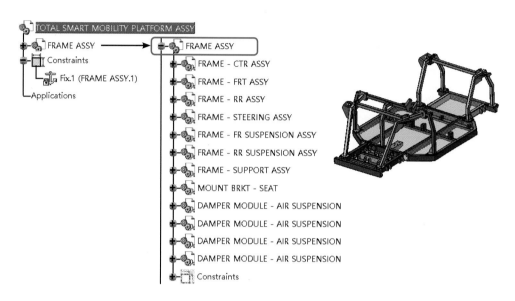

(2) FR SUSPENSION ASSY - LH/RH 와 RR SUSPENSION ASSY - LH/RH.CATProduct 4개
의 파일을 불러오고, 고정(Fix) 명령어를 사용하여 위치를 정렬시킨다.

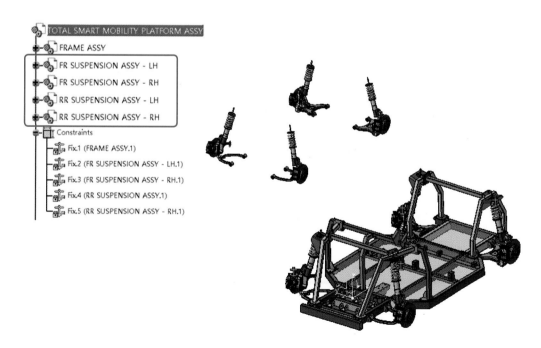

(3) RIM N TIRE ASSY.CATProduct 파일을 불러오고, DISK 부품에 조립 및 체결되는 위치
에 자유도를 구속시켜 정렬시킨다.

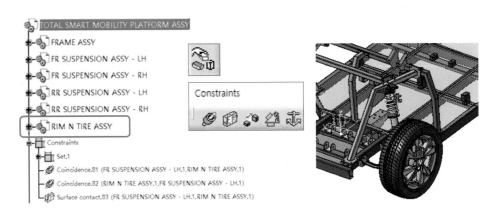

(4) 3개의 RIM N TIRE ASSY.CATProduct 파일을 불러오고, DISK 부품에 조립 및 체결되는
위치에 자유도를 구속시켜 정렬시키고 최종 형상을 확인한다.

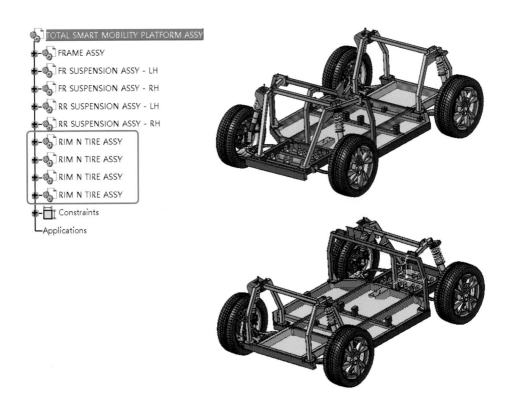

참고문헌

* 주) 본 서에서 언급된 S/W의 저작권 및 판권 명시

　1. CATIA : 다쏘시스템코리아(주)

CATIA

스마트 모빌리티 섀시
설계하기

2021년	8월	25일	1판	1쇄	인 쇄
2021년	9월	1일	1판	1쇄	발 행

지 은 이 : 김　　　인　　　규

펴 낸 이 : 박　　　정　　　태

펴 낸 곳 : **광　　　문　　　각**

10881
파주시 파주출판문화도시 광인사길 161
광문각 B/D 4층
등　　　록 : 1991. 5. 31 제12 - 484호
전　화(代): 031-955-8787
팩　　　스 : 031-955-3730
E - mail: kwangmk7@hanmail.net
홈페이지 : www.kwangmoonkag.co.kr

ISBN : 978-89-7093-546-1　93550

값 : 28,000원

한국과학기술출판협회
Korean Science & Technology Publisher Association

저자와 협의하여 인지를 생략합니다.